中国学术名著丛书

蔡元培

中国伦理学史

U0782873

吉林出版集团股份有限公司

图书在版编目（CIP）数据

蔡元培中国伦理学史/蔡元培著. — 长春：吉林
出版集团股份有限公司, 2016. 12（2022. 2 重印）
　（中国学术名著丛书/杜贞霞主编）
　ISBN 978-7-5581-1761-9

　Ⅰ. ①蔡… Ⅱ. ①蔡… Ⅲ. ①伦理学史-中国 Ⅳ.
①B82 - 092

中国版本图书馆 CIP 数据核字（2016）第 290906 号

蔡元培中国伦理学史

著　　者	蔡元培	
出版策划	杜贞霞	
责任编辑	滕　林	
封面设计	映象视觉	
开　　本	710mm×1000mm　1/16	
字　　数	260 千	
印　　张	18	
版　　次	2017 年 1 月第 1 版	
印　　次	2022 年 2 月第 3 次印刷	

出版发行	吉林出版集团股份有限公司
电　　话	总编办：010-63109269
	发行部：010-63109269
印　　刷	众鑫旺（天津）印务有限公司

ISBN 978-7-5581-1761-9　　　　　　　定价：49. 80 元

目录

第一期　先秦创始时代

第二期　汉唐继承时代

第三期　宋明理学时代

附录　蔡元培演讲录

序　例

　　学无涯也，而人之知有涯。积无量数之有涯者，以与彼无涯者相逐，而后此有涯者亦庶几与之为无涯，此即学术界不能不有学术史之原理也。苟无学术史，则凡前人之知，无以为后学之凭借，以益求进步。而后学所穷力尽气以求得之者，或即前人之所得焉，或即前人之前已得而复舍者焉。不唯此也，前人求知之法，亦无以资后学之考鉴，以益求精密。而后学所穷力尽气以相求者，犹是前人粗简之法焉，或转即前人业已嬗蜕之法焉。故学术史甚重要。一切现象，无不随时代而有迁流，有孳乳。而精神界之现象，迁流之速，孳乳之繁，尤不知若干倍蓰于自然界。而吾人所凭借以为知者，又不能有外于此迁流、孳乳之系统。故精神科学史尤重要。吾国夙重伦理学，而至今顾尚无伦理学史。迩际伦理界怀疑时代之托始，异方学说之分道而输入者，如槃如烛，几有互相冲突之势。苟不得吾族固有之思想系统以相为衡准，则益将彷徨于歧路。盖此事之亟如此。而当世宏达，似皆未遑暇及。用不自量，于学课之隙，缀述是编，以为大辂之椎轮。涉学既浅，参考之书又寡，疏漏抵牾，不知凡几，幸读者有以正之。又是编辑述之旨，略具于绪论及各结论。尚有三例，不可不为读者预告。

　　（一）是编所以资学堂中伦理科之参考，故至约至简。凡于伦理学界非重要之流派及有特别之学说者，均未及叙述。

（二）读古人之书，不可不知其人，论其世。我国伦理学者，多实践家，尤当观其行事。顾是编限于篇幅，各家小传，所叙至略。读者可于诸史或学案中，检其本传参观之。

（三）史例以称名为正。顾先秦学者之称子，宋明诸儒之称号，已成惯例。故是编亦仍之而不改，决非有抑扬之义寓乎其间。

庚戌三月十六日编者识

绪 论

伦理学与修身书之别 修身书，示人以实行道德之规范者也。民族之道德，本于其特具之性质、固有之条教，而成为习惯。虽有时亦为新学殊俗所转移，而非得主持风化者之承认，或多数人之信用，则不能骤入于修身书之中，此修身书之范围也。伦理学则不然，以研究学理为的。各民族之特性及条教，皆为研究之资料，参伍而贯通之，以归纳于最高之观念，乃复由是而演绎之，以为种种之科条。其于一时之利害，多数人之向背，皆不必顾。盖伦理学者，知识之径途；而修身书者，则行为之标准也。持修身书之见解以治伦理学，常足为学识进步之障碍。故不可不区别之。

伦理学史与伦理学根本观念之别 伦理学以伦理之科条为纲，伦理学史以伦理学家之派别为叙。其体例之不同，不待言矣。而其根本观念，亦有主观、客观之别。伦理学者，主观也，所以发明一家之主义者也。各家学说，有与其主义不合者，或驳诘之，或弃置之。伦理学史者，客观也。在抉发各家学说之要点，而推暨其源流，证明其迭相乘除之迹象。各家学说，与作者主义有违合之点，虽可参以评判，而不可以意取去，漂没（原意为冲没，更深一层含义指克扣——编者注）其真相。此则伦理学史根本观念之异于伦理学者也。

我国之伦理学 我国以儒家为伦理学之大宗。而儒家，则一切精神界科学，悉以伦理为范围。哲学、心理学，本与伦理有密切之关系。我国学者仅以是为伦理学之前提。其他曰为政以德，曰孝治天下，是政治学范围于伦理也；曰国民修其孝弟忠信，可使制梃以挞坚甲利兵，是军学范围于伦理也；攻击异教，恒以无父无君为词，是宗教学范围于伦理也；评定诗古文辞，恒以载道述德眷怀君父为优点，是美学亦范围于伦理也。我国伦理学之范围，其广如此，则伦理学宜若为我国唯一发达之学术矣。然以范围太广，而我国伦理学者之著述，多杂糅他科学说。其尤甚者为哲学及政治学。欲得一纯粹伦理学之著作，殆不可得。此为述伦理学史者之第一畏途矣。

我国伦理学说之沿革　我国伦理学说，发轫于周季。其时儒墨道法，众家并兴。及汉武帝罢黜百家，独尊儒术，而儒家言始为我国唯一之伦理学。魏晋以还，佛教输入，哲学界颇受其影响，而不足以震撼伦理学。近二十年间，斯宾塞尔之进化功利论，卢骚之天赋人权论，尼采之主人道德论，输入我国学界。青年社会，以新奇之嗜好欢迎之，颇若有新旧学说互相冲突之状态。然此等学说，不特深研而发挥之者尚无其人，即斯、卢诸氏之著作，亦尚未有完全移译者。所谓新旧冲突云云，仅为伦理界至小之变象，而于伦理学说无与也。

我国之伦理学史　我国既未有纯粹之伦理学，因而无纯粹之伦理学史。各史所载之儒林传道学传，及孤行之宋元学案、明儒学案等皆哲学史，而非伦理学史也。日本木村鹰太郎氏，述东洋伦理学史（其全书名《东西洋伦理学史》，兹仅就其东洋一部分言之），始以西洋学术史之规则，整理吾国伦理学说，创通大义，甚裨学子。而其间颇有依据伪书之失，其批评亦间失之武断。其后又有久保得二氏，述东洋伦理史要，则考证较详，评断较慎。而其间尚有蹈木村氏之覆辙者。木村氏之言曰："西洋伦理学史，西洋学者名著甚多，因而为之，其事不难；东洋伦理学史，则昔所未有。若博读东洋学说而未谙西洋哲学科学之律贯，或仅治西洋伦理学而未通东方学派者，皆不足以胜创始之任。"谅哉言也。鄙人于东西伦理学，所涉均浅，而勉承兹乏，则以木村、久保二氏之作为本。而于所不安，则以记忆所及，参考所得，删补而订正之。正恐疏略谬误，所在多有。幸读者注意焉。

第一期　先秦创始时代

第一章　总论

伦理学说之起源　伦理界之通例，非先有学说以为实行道德之标准，实伦理之现象，早流行于社会，而后有学者观察之、研究之、组织之，以成为学说也。在我国唐虞三代间，实践之道德，渐归纳为理想。虽未成学理之体制，而后世种种学说，滥觞于是矣。其时理想，吾人得于《易》、《书》、《诗》三经求之。《书》为政事史，由意志方面，陈述道德之理想者也；《易》为宇宙论，由知识方面，本天道以定人事之范围；《诗》为抒情体，由感情方面，揭教训之趣旨者也。三者皆考察伦理之资也。

我国古代文化，至周而极盛。往昔积渐萌生之理想，及是时则由浑而画，由暧昧而辨晰。循此时代之趋势，而集其理想之大成以为学说者，孔子也。是为儒家言，足以代表吾民族之根本理想者也。其他学者，各因其地理之影响，历史之感化，而有得于古昔积渐萌生各理想之一方面，则亦发挥之而成种种之学说。

各家学说之消长　种种学说并兴，皆以其有为不可加，而思以易天下，相竞相攻，而思想界遂演为空前绝后之伟观。盖其时自儒家以外，成一家言者有八。而其中墨、道、名、法，皆以伦理学说占其重要之部分者也。秦并天下，尚法家；汉兴，颇尚道家；及武帝从董仲舒之说，循民族固有之理想而尊儒术，而诸家之说熸矣。

第二章　唐虞三代伦理思想之萌芽

伦理思想之基本　我国人文之根据于心理者，为祭天之故习。而伦理思想，则由家长制度而发展，一以贯之。而敬天畏命之观念，由是立焉。

天之观念　五千年前，吾族由西方来，居黄河之滨，筑室力田，与冷酷之气候相竞，日不暇给。沐雨露之惠，懔水旱之灾，则求其源于苍苍之天。而以为是即至高无上之神灵，监吾民而赏罚之者也。及演进而为抽象之观念，则不视为具有人格之神灵，而竟认为溥博自然之公理。于是揭其起伏有常之诸现象，以为人类行为之标准。以为苟知天理，则一切人事，皆可由是而类推。此则由崇拜自然之宗教心，而推演为宇宙论者也。

天之公理　古人之宇宙论有二：一以动力说明之，而为阴阳二气说；一以物质说明之，而为五行说。二说以渐变迁，而皆以宇宙之进动为对象：前者由两仪而演为四象，由四象而演为八卦，假定八者为原始之物象，以一切现象，皆为彼等互动之结果。因以确立现象变化之大法，而应用于人事。后者以五行为成立世界之原质，有相生相克之性质。而世界各种现象，即于其性质同异间，有因果相关之作用，故可以由此推彼。而未来之现象，亦得而预察之。两者立论之基本，虽有径庭，而于天理人事同一法则之根本义，则若合符节。盖于天之主体，初未尝极深研究，而即以假定之观念推演之，以应用于实际之事象。此吾国古人之言天，所以不同于西方宗教家，而特为伦理学最高观念之代表也。

天之信仰　天有显道，故人类有法天之义务，是为不容辨证之信仰，即所谓顺帝之则者也。此等信仰，经历世遗传，而浸浸成为天性。如《尚书》中君臣交警之词，动必及天，非徒辞令之习惯，实亦于无意识中表露其先天之观念也。

天之权威　古人之观天也，以为有何等权威乎。《易》曰："刚柔相摩，鼓之以雷霆，润之以风雨。日月运行，一寒一暑。乾道成男，坤道成女。乾知大始，坤作成物。"谓天之于万物，发之收之，整理之，调摄之，皆非无意识之动作，而密合于道德，观其利益人类之厚而可知也。人类利用厚生之道，悉本于天，故不可不畏天命，而顺天道。畏之顺之，则天赐之福。如风雨以时，年谷顺成，而余庆且及于子孙；其有侮天而违天者，天则现种种灾异，如日月告凶、陵谷变迁之类，以警戒之；犹不悔，则罚之。此皆天之性质之一斑见于诗书者也。

天道之秩序　天之本质为道德。而其见于事物也，为秩序。故天神之下有地祇，又有日月星辰山川林泽之神，降而至于猫、虎之属，皆统摄于上帝。是为人间秩序之模范。《易》曰："天尊地卑，乾坤定矣。卑高以陈，贵贱位矣。"此其义也。以天道之秩序，而应用于人类之社会，则凡不合秩序者，皆不得为道德。《易》又曰："有天地然后有万物，有万物然后有男女，有男女然后有夫妇，有夫妇然后有父子，有父子然后有君臣，有君臣然后有上下，有上下然后礼义有所错。"言循自然发展之迹而知秩序之当重也。重秩序，故道德界唯一之作用为中。中者，随时地之关系，而适处于无过不及之地者也。是为道德之根本。而所以助成此主义者，家长制度也。

家长制度　吾族于建国以前，实先以家长制度组织社会，渐发展而为三代之封建。而所谓宗法者，周之世犹盛行之。其后虽又变封建而为郡县，而家长制度之精神，则终古不变。家长制度者，实行尊重秩序之道，自家庭始，而推暨之以及于一切社会也。一家之中，父为家长，而兄弟姊妹又以长幼之序别之。以是而推之于宗族，若乡党，以及国家。君为民之父，臣民为君之子，诸臣之间，大小相维，犹兄弟也。名位不同，而各有适于其时地之道德，是谓中。

古先圣王之言动　三代以前，圣者辈出，为后人模范。其时虽未谙科学规则，且亦鲜有抽象之思想，未足以成立学说，而要不能不视为学说之萌芽。太古之事邈矣，伏羲作《易》，黄帝以道家之祖名。而考其事实，自发明利用厚生诸述外，可信据者盖寡。后世言道德者多道尧舜，其次则禹汤文武周公，其言动颇著于《尚书》，可得而研讨焉。

尧　《书》曰："尧克明峻德，以亲九族，平章百姓，协和万邦。黎民于变时雍。"先修其身而以渐推之于九族，而百姓，而万邦，而黎民。其重秩位如此。而其修身之道，则为中。其禅舜也，诫之曰"允执其中"是也。是盖由种种经验而归纳以得之者。实为当日道德界之一大发明。而其所取法者则在天。故孔子曰："巍巍乎惟天为大，惟尧则之，荡荡乎民无能名也。"

舜　至于舜，则又以中之抽象名称，适用于心性之状态，而更求其切实。其命夔教胄子曰："直而温，宽而栗，刚而无虐，简而无傲。"言涵养心性之法不外乎中也。其于社会道德，则明著爱有差等之义。命契曰："百姓不亲，五品不逊，汝为司徒，敬敷五教在宽。"五品、五教，皆谓于社会间，因其伦理关系之类别，而有特别之道德也。是谓五伦之教，所谓父子有亲，君臣有义，夫妇有别，长幼有序，朋友有信，是也，其实不外乎执中。唯各因其关系之不同，而别著其德之名耳。由是而知中之为德，有内外两方面之作用，内以修己，外以及人，为社会道德至当之标准。盖至舜而吾民族固有之伦理思想，已有基础矣。

禹　禹治水有大功，克勤克俭，而又能敬天。孔子所谓"禹，吾无间然"，"菲饮食而致孝乎鬼神，恶衣服而致美乎黻冕，卑宫室而尽力乎沟洫"，是也。其伦理观念，见于箕子所述之《洪范》。虽所言天锡畴范，迹近迂怪，然承尧舜之后，而发展伦理思想，如《洪范》所云，殆无可疑也。《洪范》所言九畴，论道德及政治之关系，进而及于天人之交涉。其有关于人类道德者，五事，三德，五福，六极诸畴也。分人类之普通行动为貌言视听思五事，以规则制限之：貌恭为肃，言从为乂，视明为哲，听聪为谋，思睿为圣。一本执中之义，而科别较详。其言三德：曰正直，曰刚克，曰柔克。而五福：曰寿，曰富，曰康宁，曰攸好德，曰考终命。六极：曰凶短折，曰疾，曰忧，曰贫，曰恶，曰弱。盖谓神人有感应之理，则天之赏罚，所不得免，而因以确定人类未来之理想也。

皋陶　皋陶教禹以九德之目，曰：宽而栗，柔而立，愿而恭，乱而敬，扰而毅，直而温，简而廉，刚而塞，强而义。与舜之所以命夔者相类，而条目较详。其言天聪明自我民聪明，天明威自我民明威，则天人交感，民意所向，即天理所在，亦足以证明《洪范》之说也。

商周之革命　夏殷周之间，伦理界之变象，莫大于汤武之革命。其事虽与尊崇秩序之习惯，若不甚合，然古人号君曰天子，本有以天统君之义，而天之聪明明威，皆托于民，即武王所谓天视自我民视，天听自我民听者也，故获罪于民者，即获罪于天，汤武之革命，谓之顺乎天而应乎民，与古昔伦理、君臣有义之教，不相背也。

三代之教育　商周二代，圣君贤相辈出。然其言论之有关于伦理学者，殊不概见。其间如伊尹者，孟子称其非义非道一介不取与，且自任以天下之重。周公制礼作乐，为周代文化之元勋。然其言论之几于学理者，亦未有闻焉。大抵商人之道德，可以墨家代表之；周人之道德，可以儒家代表之。而三代伦理之主义，于当时教育之制，有可推见。孟子称夏有校，殷有序，周有庠，而学则三代共之。《管子》有《弟子职》篇，记洒扫应对进退之教。《周官·司徒》称以乡三物教万民，一曰六德：知、仁、圣、义、中、和；二曰六行：孝、友、睦、姻、任、恤；三曰六艺：礼、乐、射、御、书、数。是为普通教育。其高等教育之主义，则见于《礼记》之《大学》篇。其言曰："大学之道，在明明德，在亲民，在止于至善。古之欲明明德于天下者，必先治其国；欲治其国者，先齐其家；欲齐其家者，先修其身；欲修其身者，先正其心；欲正其心者，先诚其意；欲诚其意者，先致其知。致知在格物。自天子以至于庶人，壹是，皆以修身为本。"循天下国家疏近之序，而归本于修身。又以正心诚意致知格物为修身之方法，固已见学理之端绪矣。盖自唐虞以来，积无量数之经验，以至周代，而主义始以确立，儒家言由是启焉。

（一）儒 家

第三章 孔子

小传 孔子名丘，字仲尼，以周灵王二十一年生于鲁昌平乡陬邑。孔氏系出于殷，而鲁为周公之后，礼文最富。故孔子具殷人质实豪健之性质，而又集历代礼乐文章之大成。孔子尝以其道遍干列国诸侯而不见用。晚年，乃删诗书，定礼乐，赞易象，修春秋，以授弟子。弟子凡三千人，其中身通六艺者，七十人。孔子年七十三而卒，为儒家之祖。

孔子之道德 孔子禀上智之资，而又好学不厌。无常师，集唐虞三代积渐进化之思想，而陶铸之，以为新理想。尧舜者，孔子所假以表其理想而为模范之人物者也。其实行道德之勇，亦非常人之所及。一言一动，无不准于礼法。乐天知命，虽屡际困厄，不怨天，不尤人。其教育弟子也，循循然善诱人。曾点言志曰：与冠者、童子"浴乎沂，风乎舞雩，咏而归"，则喟然与之。盖标举中庸之主义，约以身作则者也。其学说虽未成立统系之组织，而散见于言论者，得寻绎而条举之。

性 孔子劝学而不尊性。故曰："性相近也，习相远也。""唯上知与下愚不移。”又曰：“生而知之者，上也；学而知之者，次也；困而学之，又其次也；困而不学，民斯为下。”言普通之人，皆可以学而知之也。其于性之为善为恶，未及质言。而尝曰：“人之生也直，罔之生也幸而免。”又读《诗》至“天生蒸民，有物有则，民之秉彝，好是懿德”，则叹为知道。是已有偏于性善说之倾向矣。

仁　孔子理想中之完人，谓之圣人。圣人之道德，自其德之方面言之曰仁，自其行之方面言之曰孝，自其方法之方面言之曰忠恕。孔子尝曰：“仁者爱人，知者知人。”又曰：“知者不惑，仁者不忧，勇者不惧。”此分心意为知识、感情、意志三方面，而以知仁勇名其德者。而平日所言之仁，则即以为统摄诸德完成人格之名。故其为诸弟子言者，因人而异。又或对同一之人，而因时而异。或言修己，或言治人，或纠其所短，要不外乎引之于全德而已。孔子尝曰：“仁远乎哉？我欲仁，斯仁至矣。”又称颜回“三月不违仁，其余日月至焉”。则固以仁为最高之人格，而又人人时时有可以到达之机缘矣。

孝　人之令德为仁，仁之基本为爱，爱之源泉，在亲子之间，而尤以爱亲之情之发于孩提者为最早。故孔子以孝统摄诸行。言其常，曰养、曰敬、曰谕父母于道。于其没也，曰善继志述事。言其变，曰几谏。于其没也，曰干蛊。夫至以继志述事为孝，则一切修身、齐家、治国、平天下之事，皆得统摄于其中矣。故曰：孝者，始于事亲，中于事君，终于立身。是亦由家长制度而演成伦理学说之一证也。

忠恕　孔子谓曾子曰：“吾道一以贯之。”曾子释之曰：“夫子之道，忠恕而已矣。”此非曾子一人之私言也。子贡问：“有一言可以终身行之者乎？”孔子曰：“其恕乎。”《礼记·中庸》篇引孔子之言曰：“忠恕违道不远。”皆其证也。孔子之言忠恕，有消极、积极两方面，施诸己而不愿，亦勿施于人。此消极之忠恕，揭以严格之命令者也。仁者，己欲立而立人，己欲达而达人。此积极之忠恕，行以自由之理想者也。

学问　忠恕者，以己之好恶律人者也。而人人好恶之节度，不必尽同，于是知识尚矣。孔子曰：“学而不思，则罔；思而不学，则殆。”又曰：“好仁不好学，其蔽也愚；好知不好学，其蔽也荡；好信不好学，其蔽也贼；好直不好学，其蔽也绞；好勇不好学，其蔽也乱；好刚不好学，其蔽也狂。”言学问之亟也。

涵养　人常有知及之，而行之则过或不及，不能适得其中者，其毗刚毗柔之气质为之也。孔子于是以诗与礼乐为涵养心性之学。尝曰：“兴于诗，立于礼，成于乐。”曰：“诗可以兴，可以观，可以群，可以怨。”曰：“若臧武仲之知，公绰之不欲，卞庄子之勇，冉求之艺，文之以礼乐，可以为成人矣。”其于礼乐也，在领其精神，而非必拘其仪式。故曰：“礼云礼云，玉帛云乎哉？乐云乐云，钟鼓云乎哉？”

君子　孔子所举，以为实行种种道德之模范者，恒谓之君子，或谓之士。曰：“君子有三畏：畏天命，畏大人，畏圣人之言。”曰：“君子有三戒：少之时，血气未定，戒之在色；及其壮也，血气方刚，戒之在斗；及其老也，血气既衰，戒之在得。”曰：“君子有九思：视思明，听思聪，色思温，貌思恭，言思忠，事思敬，疑思问，忿思难，见得思义。”曰：“文质彬彬，然后君子。”曰：“君子讷于言而敏于行。”曰：“君子疾没世而名不称。”曰：“士，行己有耻，使于四方，不辱君命；其次，宗族称孝，乡党称弟；其次，言必信，行必果。”曰：“志士仁人，无求生以害仁，有杀身以成仁。”其所言多与舜、禹、皋陶之言相出入，而条理较详。要其标准，则不外古昔相传执中之义焉。

政治与道德　孔子之言政治，亦以道德为根本。曰：“为政以德。”曰：“道之以德，齐之以礼，民有耻且格。”季康子问政，孔子曰：“政者，正也。子率以正，孰敢不正？”亦唐、虞以来相传之古义也。

第四章　子思

小传　自孔子没后，儒分为八。而其最大者，为曾子、子夏两派。曾子尊德性，其后有子思及孟子；子夏治文学，其后有荀子。子思，名伋，孔子之孙也，学于曾子。尝游历诸国，困于宋。作《中庸》。晚年，为鲁缪公之师。

中庸　《汉书》称子思二十三篇，而传于世者唯《中庸》。中庸者，即唐虞以来执中之主义。庸者，用也，盖兼其作用而言之。其语亦本于孔子，所谓君子中庸、小人反中庸者也。《中庸》一篇，大抵本孔子实行道德之训，而以哲理疏解之，以求道德之起源。盖儒家言，至是而渐趋于研究学理之倾向矣。

率性　子思以道德为原于性，曰："天命之为性，率性之为道，修道之为教。"言人类之性，本于天命，具有道德之法则。循性而行之，是为道德。是已有性善说之倾向，为孟子所自出也。率性之效，是谓中庸。而实行中庸之道，甚非易易，贤者过之，不肖者不及也。子思本孔子之训，而以忠恕为致力之法，曰："忠恕违道不远，施诸己而不愿，亦勿施于人。"曰："所求乎子，以事父；所求乎臣，以事君；所求乎弟，以事兄；所求乎朋友，先施之。"此其以学理示中庸之范畴者也。

诚　子思以率性为道，而以诚为性之实体。曰："自诚明谓之性，自明诚谓之教。"又以诚为宇宙之主动力，故曰："诚者，自成也；道者，自道也。诚者，物之终始，不诚无物。诚者，非自成己而已也，所以成物也。成己，仁也；成物，智也。性之德也，合内外之道也，故时措之宜也。"是子思之所谓诚，即孔子之所谓仁。唯欲并仁之作用而著之，故名之以诚。又扩充其义，以为宇宙问题之解释，至诚则能尽性，合内外之道，调和物我，而达于天人契合之圣境，历劫不灭，而与天地参，虽渺然一人，而得有宇宙之价值也。于是宇宙间因果相循之迹，可以预计。故曰："至诚之道，可以前知。国家将兴，必有祯祥；国家将亡，必有妖孽。见乎蓍龟，动乎四体。祸福将至，善，必先知之，不善，必先知之，故至诚如神。"言诚者，含有神秘之智力也。然此唯生知之圣人能之，而非人人所可及也。然则人之求达于至诚也，将奈何？子思勉之以学，曰诚者，天之道也，诚之者，人之道也。诚者，不勉而中，不思而得，从容中道，圣人也。诚之者，择善而固执之者也，博学之，审问之，慎思之，明辨之，笃行之，弗能弗措。人一能之，己百之，人十能之，己千之。虽愚必明，虽柔必强。言以学问之力，认识何者为诚，而又以确固之步趋几及之，固非以无意识之任性而行为率性矣。

结论　子思以诚为宇宙之本，而人性亦不外乎此。又极论由明而诚之道，盖扩张往昔之思想，而为宇宙论，且有秩然之统系矣。唯于善恶之何以差别，及恶之起源，未遑研究。斯则有待于后贤者也。

第五章　孟子

　　孔子没百余年，周室愈衰，诸侯互相并吞，尚权谋，儒术尽失其传。是时崛起邹鲁，排众论而延周孔之绪者，为孟子。

　　小传　孟子名轲，幼受贤母之教。及长，受业于子思之门人。学成，欲以王道干诸侯，历游齐、梁、宋、滕诸国。晚年，知道不行，乃与弟子乐正克、公孙丑、万章等，记其游说诸侯及与诸弟子问答之语，为《孟子》七篇。以周赧王三十三年卒。

　　创见　孟子者，承孔子之后，而能为北方思想之继承者也。其于先圣学说益推阐之，以应世用。而亦有几许创见：（一）承子思性说而确言性善；（二）循仁之本义而配之以义，以为实行道德之作用；（三）以养气之说论究仁义之极致及效力，发前人所未发；（四）本仁义而言王道，以明经国之大法。

　　性善说　性善之说，为孟子伦理思想之精髓。盖子思既以诚为性之本体，而孟子更进而确定之，谓之善。以为诚则未有不善也。其辩证有消极、积极二种。消极之辩证，多对告子而发。告子之意，性唯有可善之能力，而本体无所谓善不善，故曰："生之为性。"曰："以人性为仁义，犹以杞柳为桮棬。"曰："人性之无分于善不善也，犹水之无分于东西也。"孟子对于其第一说，则诘之曰："然则犬之性犹牛之性，牛之性犹人之性与?"盖谓犬牛之性不必善，而人性独善也。对于其第二说，则曰："戕贼杞柳而后可以为桮棬，然则亦将戕贼人以为仁义与?"言人性不待矫揉而为仁义也。对于第三说，则曰："水信无分于东西，无分于上下乎? 今夫水，搏而跃之，可使过颡；激而行之，可使在山。是岂水之性也哉?"人之为不善，亦犹是也。水无有不下，人无有不善，则兼明人性虽善而可以使为不善之义，较前二说为备。虽然，是皆对于告子之说，而以论理之形式，强攻其设喻之不当。于性善之证据，未之及也。孟子则别有积以经验之心理，归纳而得之，曰："人皆有不忍人之心。今人乍见孺子将入于井，皆有怵惕恻隐之心，非所以内交于孺子之父母也，非所以要誉于乡党朋友也，非恶其声而然也。恻隐之心，人皆有之，仁之端也；羞恶之心，人皆有之，义之端也；辞让之心，人皆有之，礼之端也；是非之心，人皆有之，智之端也。"言仁义礼智之端，皆具于性，故性无不善也。虽然，孟子之所谓经验者如此而已。然则循其例而求之，即诸恶之端，亦未必无起源于性之证据也。

欲　孟子既立性善说，则于人类所以有恶之故，不可不有以解之。孟子则谓恶者非人性自然之作用，而实不尽其性之结果。山径不用，则茅塞之。山木常伐，则濯濯然。人性之障蔽而梏亡也，亦若是。是皆欲之咎也。故曰："养心莫善于寡欲。其为人也寡欲，虽有不存焉者寡矣；其为人也多欲，虽有存焉者寡矣。"孟子之意，殆以欲为善之消极，而初非有独立之价值。然于其起源，一无所论究，亦其学说之缺点也。

义　性善，故以仁为本质。而道德之法则，即具于其中，所以知其法则而使人行之各得其宜者，是为义。无义则不能行仁。即偶行之，而亦为意识之动作。故曰："仁，人心也；义，人路也。"于是吾人之修身，亦有积极、消极两作用：积极者，发挥其性所固有之善也；消极者，求其放心也。

浩然之气　发挥其性所固有之善将奈何? 孟子曰："在养浩然之气。"浩然之气者，形容其意志中笃信健行之状态也。其潜而为势力也甚静稳，其动而作用也又甚活泼。盖即中庸之所谓诚，而自其动作方面形容之。一言以蔽之，则仁义之功用而已。

求放心　人性既善，则常有动而之善之机，唯为欲所引，则往往放其良心而不顾。故曰："人岂无仁义之心哉？其所以放其良心者，亦犹斧斤之于木也，旦旦而伐之。虽然，已放之良心，非不可以复得也，人自不求之耳。"故又曰："学问之道无他，求其放心而已矣。"

孝弟　孟子之伦理说，注重于普遍之观念，而略于实行之方法。其言德行，以孝弟为本。曰："孩提之童，无不知爱其亲也。及其长也，无不知敬其兄也。亲亲，仁也；敬长，义也。无他，达之天下也。"又曰："尧、舜之道，孝弟而已矣。"

大丈夫　孔子以君子代表实行道德之人格，孟子则又别以大丈夫代表之。其所谓大丈夫者，以浩然之气为本，严取与出处之界，仰不愧于天，俯不怍于人，不为外界非道非义之势力所左右，即遇困厄，亦且引以为磨炼身心之药石，而不以挫其志。盖应时势之需要，而论及义勇之价值及效用者也。其言曰："说大人，则藐之，勿视其巍巍然，在彼者皆我所不为也，在我者皆古之制也，吾何畏彼哉？"又曰："居天下之广居，立天下之正位，行天下之大道。得志，与民由之；不得志，独行其道。富贵不能淫，贫贱不能移，威武不能屈。此之谓大丈夫。"又曰："天之将降大任于斯人也，必先苦其心志，劳其筋骨，饿其体肤，空乏其身，行拂乱其所为，然后动心忍性，增益其所不能。"此足以观孟子之胸襟矣。

自暴自弃　人之性善，故能学则皆可以为尧、舜。其或为恶不已，而其究且如桀纣者，非其性之不善，而自放其良心之咎也，是为自暴自弃。故曰："自暴者不可与有言也，自弃者不可与有为也。言非礼义，谓之自暴。吾身不能居仁由义，谓之自弃也。"

政治论　孟子之伦理说，亦推扩而为政治论。所谓有不忍人之心斯有不忍人之政者也。其理想之政治，以尧舜代表之。尝极论道德与生计之关系，劝农桑，重教育。其因齐宣王好货、好色、好乐之语，而劝以与百姓同之。又尝言国君进贤退不肖，杀有罪，皆托始于国民之同意。以舜、禹之受禅，实迫于民视民听。桀纣残贼，谓之一夫，而不可谓之君。提倡民权，为孔子所未及焉。

结论 孟子承孔子、子思之学说而推阐之，其精深虽不及子思，而博大翔实则过之，其品格又足以相副，信不愧为儒家巨子。唯既立性善说，而又立欲以对待之，于无意识之间，由一元论而嬗变为二元论，致无以确立其论旨之基础。盖孟子为雄伟之辩论家，而非沉静之研究家，故其立说，不能无遗憾焉。

第六章　荀子

小传　荀子名况，赵人。后孟子五十余年生。尝游齐楚。疾举世溷浊，国乱相继，大道蔽壅，礼义不起，营巫祝，信机祥，邪说盛行，綦俗坏风，爰述仲尼之论，礼乐之治，著书数万言，即今所传之《荀子》是也。

学说　汉儒述毛诗传授系统，自子夏至荀子，而荀子书中尝并称仲尼、子弓。子弓者，馯臂子弓也。尝受《易》于商瞿，而实为子夏之门人。荀子为子夏学派，殆无疑义。子夏治文学，发明章句。故荀子著书，多根据经训，粹然存学者之态度焉。

人道之原　荀子以前言伦理者，以宇宙论为基本，故信仰天人感应之理，而立性善说。至荀子，则划绝天人之关系，以人事为无与于天道，而特为各人之关系。于是有性恶说。

性恶说　荀子祖述儒家，欲行其道于天下，重利用厚生，重实践伦理，以研究宇宙为不急之务。自昔相承理想，皆以祯祥灾孽，彰天人交感之故。及荀子，则虽亦承认自然界之确有理法，而特谓其无关于道德，无关于人类之行为。凡治乱祸福，一切社会现象，悉起伏于人类之势力，而于天无与也。唯荀子既以人类势力为社会成立之原因，而见其间有自然冲突之势力存焉，是为欲。遂推进而以欲为天性之实体，而谓人性皆恶。是亦犹孟子以人皆有不忍之心而谓人性皆善也。

荀子以人类为同性，与孟子同也。故既持性恶之说，则谓人人具有恶性。桀纣为率性之极，而尧舜则怫性之功。故曰：人之性恶，其善者伪也（伪与为同）。于是孟、荀二子之言，相背而驰。孟子持性善说，而于恶之所由起，不同）。于是孟、荀二子之言，相背而驰。孟子持性善说，而于恶之所由起，不能自圆其说；荀子持性恶说，则于善之所由起，亦不免为困难之点。荀子乃以心理之状态解释之，曰："夫薄则愿厚，恶则愿善，狭则愿广，贫则愿富，贱则愿贵，无于中则求于外。"然则善也者，不过恶之反射作用。而人之欲善，则犹是欲之动作而已。然其所谓善，要与意识之善有别。故其说尚不足以自立，而其依据学理之倾向，则已胜于孟子矣。

性论之矛盾　荀子虽持性恶说，而间有矛盾之说。彼既以人皆有欲为性恶之由，然又以欲为一种势力。欲之多寡，初与善恶无关。善恶之标准为理，视其欲之合理与否，而善恶由是判焉。曰："天下之所谓善者，正理平治也；所谓恶者，偏险悖乱也。"是善恶之分也。又曰："心之所可，苟中理，欲虽多，奚伤治？心之所可，苟失理，欲虽寡，奚止乱？"是其欲与善恶无关之说也。又曰："心虚一而静。心未尝不臧，然而谓之虚，心未尝不满，然而谓之静。人生而有知，有知而后有志，有志者谓之臧。"又曰："圣人知心术之患、蔽塞之祸，故无欲无恶，无始无终，无近无远，无博无浅，无古无今，兼陈万物而悬衡于中。"是说也，与后世淮南子之说相似，均与其性恶说自相矛盾者也。

修为之方法　持性善说者，谓人性之善，如水之就下，循其性而存之、养之、扩充之，则自达于圣人之域。荀子既持性恶之说，则谓人之为善，如木之必待隐括矫揉而后直，苟非以人为矫其天性，则无以达于圣域。是其修为之方法，为消极主义，与性善论者之积极主义相反者也。

礼　何以矫性？曰礼。礼者不出于天性而全出于人为。故曰："积伪而化谓之圣。圣人者，伪之极也。"又曰："性伪合，然后有圣人之名。盖天性虽复常存，而积伪之极，则性与伪化。"故圣凡之别，即视其性伪化合程度如何耳。积伪在于知礼，而知礼必由于学。故曰："学不可以已。其数，始于诵经，终于读礼。其义，始于士，终于圣人。学数有终，若其义则须臾不可舍。为之人也，舍之禽兽也。书者，政治之纪也。诗者，中声之止也。礼者，法之大分，群类之纲纪也。"故学至礼而止。

礼之本始　礼者，圣人所制。然圣人亦人耳，其性亦恶耳，何以能萌蘖至善之意识，而据之以为礼？荀子尝推本自然以解释之，曰："天地者，生之始也。礼义者，治之始也。君子者，礼义之始也。故天地生君子，君子理天地。君子者，天地之尽也，万物之总也，民之父母也。无君子则天地不理，礼义无统，上无君师，下无父子。"然则君子者，天地所特界以创造礼义之人格，宁非与其天人无关之说相违与？荀子又尝推本人情以解说之，曰："三年之丧，称情而立文，所以为至痛之极也。"如其言，则不能不预想人类之本有善性，是又不合于人性皆恶之说矣。

礼之用　荀子之所谓礼，包法家之所谓法而言之，故由一身而推之于政治。故曰："隆礼贵义者，其国治；简礼贱义者，其国乱。"又曰："礼者，治辨之极也，强国之本也，威行之道也，功名之总也。王公由之，所以得天下；不由之，所以陨社稷。故坚甲利兵，不足以为胜；高城深池，不足以为固；严令繁刑，不足以为威。由其道则行，不由其道则废。"礼之用可谓大矣。

礼乐相济　有礼则不可无乐。礼者，以人定之法，节制其身心，消极者也。乐者，以自然之美，化感其性灵，积极者也。礼之德方而智，乐之德圆而神。无礼之乐，或流于纵恣而无纪；无乐之礼，又涉于枯寂而无趣。是以荀子曰："夫音乐，入人也深，而化人也速，故先王谨为之文，乐中平则民和而不流，乐肃庄则民齐而不乱，民和齐则兵劲而城固。"

刑罚　礼以齐之，乐以化之，而尚有顽冥不灵之民，不帅教化，则不得不继之以刑罚。刑罚者，非徒惩已著之恶，亦所以慑余人之胆而遏恶于未然者也。故不可不强其力，而轻刑不如重刑。故曰："凡刑人者，所以禁暴恶恶，且惩其末也。故刑重则世治，而刑轻则世乱。"

理想之君道　荀子知世界之进化，后胜于前，故其理想之太平世，不在太古而在后世。曰："天地之始，今日是也。百王之道，后王是也。"故礼乐刑政，不可不与时变革，而为社会立法之圣人，不可不先后辈出。圣人者，知君人之大道者也。故曰："道者何耶？曰君道。君道者何耶？曰能群。能群者何耶？曰善生养人者也，善斑治人者也，善显役人者也，善藩饰人者也。"

结论　荀子学说，虽不免有矛盾之迹，然其思想多得之于经验，故其说较为切实。重形式之教育，揭法律之效力，超越三代以来之德政主义，而近接于法治主义之范围。故荀子之门，有韩非、李斯诸人，持激烈之法治论，此正其学说之倾向，而非如苏轼所谓由于人格之感化者也。荀子之性恶论，虽为常识所震骇，然其思想之自由，论断之勇敢，不愧为学者云。

（二）道　家

第七章　老子

小传　老子姓李氏，名耳，字曰聃，苦县人也。不详其生年，盖长于孔子。苦县本陈地，及春秋时而为楚领，老子盖亡国之遗民也。故不仕于楚，而为周柱下史。晚年，厌世，将隐遁，西行，至函关，关令尹喜要之，老子遂著书五千余言，论道德之要，后人称为《道德经》云。

学说之渊源　《老子》二卷，上卷多说道，下卷多说德，前者为世界观，后者为人生观。其学说所自出，或曰本于黄帝，或曰本于史官。综观老子学说，诚深有鉴于历史成败之因果，而绅绎以得之者。而其间又有人种地理之影响。盖我国南北二方，风气迥异。当春秋时，楚尚为齐、晋诸国之公敌，而被摈于蛮夷之列。其冲突之迹，不唯在政治家，即学者维持社会之观念，亦复相背而驰。老子之思想，足以代表北方文化之反动力矣。

学说之趋向　老子以降，南方之思想，多好为形而上学之探究。盖其时北方儒者，以经验世界为其世界观之基础，繁其礼法，缛其仪文，而忽于养心之本旨。故南方学者反对之。北方学者之于宇宙，仅究现象变化之规则；而南方学者，则进而阐明宇宙之实在。故如伦理学者，几非南方学者所注意，而且以道德为消极者也。

道　北方学者之所谓道，宇宙之法则也。老子则以宇宙之本体为道，即宇宙全体抽象之记号也。故曰："致虚则极，守静则笃，万物并作，吾以观其复。夫物芸芸然，各归其根曰静，静曰复命，复命曰常，知常曰明。"言道本静虚，故万物之本体亦静虚，要当纯任自然，而复归于静虚之境。此则老子厌世主义之根本也。

德　老子所谓道，既非儒者之所道，因而其所谓德，亦非儒者之所德。彼以为太古之人，不识不知，无为无欲，如婴儿然，是为能体道者。其后智慧渐长，惑于物欲，而大道渐以澌灭。其时圣人又不揣其本而齐其末，说仁义，作礼乐，欲恃繁文缛节以拘梏之。于是人人益趋于私利，而社会之秩序，益以紊乱。及今而救正之，唯循自然之势，复归于虚静，复归于婴儿而已。故曰："小国寡民，有什伯之器而不用，使民重死而不远徙。虽有舟舆，无所乘之；虽有兵甲，无所陈之。使人复结绳而用之，甘其食，美其服，安其居，乐其俗，邻国相望，鸡犬之声相闻，民至老死不相往来。"老子所理想之社会如此。其后庄子之《胠箧篇》，又述之。至陶渊明，又益以具体之观念，而为《桃花源记》。足以见南方思想家之理想，常为遁世者所服膺焉。

老子所见，道德本不足重，且正因道德之崇尚，而足征世界之浇漓，苟循其本，未有不爽然自失者。何则？道德者，由相对之不道德而发生。仁义忠孝，发生于不仁不义不忠不孝。如人有疾病，始需医药焉。故曰："大道废，有仁义。智慧出，有大伪。六亲不和，有孝慈。国家昏乱，有忠臣。"又曰："上德不德，是以有德；下德不失德，是以无德。上德无为而无以为，下德为之而有以为，上仁为之而无以为，上义为之而有以为，上礼为之而无应之，则攘臂而争之。故失道而后德，失德而后仁，失仁而后义，失义而后礼。夫礼者，忠信之薄，乱之首也。前识者，道之华，愚之始也。是以大丈夫处厚而不居薄，处实而不居华，故去彼取此。"

道德论之缺点　老子以消极之价值论道德，其说诚然。盖世界之进化，人事日益复杂，而害恶之条目日益繁殖，于是禁止之预备之作用，亦随之而繁殖。此即道德界特别名义发生之所由，征之历史而无惑者也。然大道何由而废？六亲何由而不和？国家何由而昏乱？老子未尝言之，则其说犹未备焉。

因果之倒置　世有不道德而后以道德救之，犹人有疾病而以医药疗之，其理诚然。然因是而遂谓道德为不道德之原因，则犹以医药为疾病之原因，倒因而为果矣。老子之论道德也，盖如此。曰："古之善为道者，非以明民，将以愚之。民之难治，以其智多。以智治国，国之贼，不以智治国，国之福。"又曰："绝圣弃智，民利百倍；绝仁弃义，民复孝慈；绝巧弃利，盗贼无有。""天下多忌讳而民弥贫；民利益多，国家滋昏；人多伎巧，奇物滋起；法令滋彰，盗贼多有。"盖世之所谓道德法令，诚有纠扰苟苦，转足为不道德之媒介者，如庸医之不能疗病而转以益之。老子有激于此，遂谓废弃道德，即可臻于至治，则不得不谓之谬误矣。

齐善恶　老子又进而以无差别界之见，应用于差别界，则为善恶无别之说。曰："道者，万物之奥，善人之宝，不善人之保。"是合善恶而悉谓之道也。又曰："天下皆知美之为美，斯恶矣；皆知善之为善，斯不善矣。"言丑恶之名，缘美善而出。苟无美善，则亦无所谓丑恶也。是皆绝对界之见，以形而上学之理绳之，固不能谓之谬误。然使应用其说于伦理界，则直无伦理之可言。盖人类既处于相对之世界，固不能以绝对界之理相绳也。老子又为辜较之言曰："唯之与阿，相去几何？善之与恶，相去奚若？"则言善恶虽有差别，而其别甚微，无足措意。然既有差别，则虽至极微之界，岂得比而同之乎？

无为之政治　老子既以道德为长物，则其视政治也亦然。其视政治为统治者之责任，与儒家同。唯儒家之所谓政治家，在道民齐民，使之进步；而老子之说，则反之，唯循民心之所向而无忤之而已。故曰："圣人无常心，以百姓之心为心。善者吾善之，不善者吾亦善之，德善也。信者吾信之，不信者吾亦信之，德信也。圣人之在天下，歙歙然不为天下浑其心，百姓皆注耳目也，圣人皆孩之。"

法术之起源　老子既主无为之治，是以斥礼乐，排刑政，恶甲兵，甚且绝学而弃智。虽然，彼亦应时势而立政策。虽于其所说之真理，稍若矛盾，而要仍本于其齐同善恶之概念。故曰："将欲噏之，必固张之。将欲弱之，必固强之。将欲废之，必固兴之。将欲夺之，必固与之。"又曰："以正治国，以奇用兵。"又曰："用兵有言，吾不为主而为客。"又曰："天之道，其犹张弓乎，高者抑之，下者举之，有余者损之，不足者补之。天道损有余而补不足，人之道不然，损不足以奉有余，孰能以有余奉天下？惟有道者而已。是以圣人为而不恃，功成而不处，不欲见其贤。"由是观之，老子固精于处世之法者。彼自立于齐同美恶之地位，而以至巧之策处理世界。彼虽斥智慧为废物，而于相对界，不得不巧施其智慧。此其所以为权谋术数所自出，而后世法术家皆奉为先河也。

结论　老子之学说，多偏激，故能刺冲思想界，而开后世思想家之先导。然其说与进化之理相背驰，故不能久行于普通健全之社会，其盛行之者，唯在不健全之时代，如魏、晋以降六朝之间是已。

第八章 庄子

老子之徒，自昔庄、列并称。然今所传列子之书，为魏、晋间人所伪作，先贤已有定论。仅足借以见魏、晋人之思潮而已，故不序于此，而专论庄子。

小传 庄子，名周，宋蒙县人也。尝为漆园吏。楚威王聘之，却而不往。盖愤世而隐者也。（按：庄子盖稍先于孟子，故书中虽诋儒家而不及孟。而孟子之所谓杨朱，实即庄周。古音庄与杨、周与朱俱相近，如荀卿之亦作孙卿也。孟子曰："杨氏为我，拔一毫而利天下不为也。"又曰："杨朱、墨翟之言盈天下，杨氏为我，是无君也。"《吕氏春秋》曰："阳子贵己。"《淮南子·氾论训》曰："全性保真，不以物累形，杨子之所立也。而孟子非之。"贵己保真，即为我之正旨。庄周书中，随在可指。如许由曰："余无所用天下为。"连叔曰："之人也，之德也，将磅礴万物以为一世也。蕲乎乱，孰弊弊焉以天下为事？是其尘垢秕糠，犹将陶铸尧、舜者也，孰肯以物为事？"其他类是者，不可以更仆数，正孟子所谓拔一毛而利天下不为者也。子路之诋长沮、桀溺也，曰："废君臣之义。"曰："欲洁其身而乱大伦。"正与孟子所谓杨氏无君相同。至《列子·杨朱》篇，则因误会孟子之言而附会之者。如其所言，则纯然下等之自利主义，不特无以风动天下，而且与儒家言之道德，截然相反。孟子所以斥之者，

岂仅曰无君而已。余别有详考。附著其略于此云）

学派　韩愈曰："子夏之学，其后有田子方；子方之后，流而为庄子。"其说不知所本。要之，老子既出，其说盛行于南方。庄子生楚、魏之间，受其影响，而以其闳眇之思想廓大之。不特老子权谋术数之见，一无所染，而其形而上界之见地，亦大有进步，已浸浸接近于佛说。庄子者，超绝政治界，而纯然研求哲理之大思想家也。汉初盛言黄老。魏、晋以降，盛言老庄。此亦可以观庄子与老佛异同之朕兆矣。

庄子之书，存者凡三十三篇：内篇七，外篇十五，杂篇十一。内篇义旨闳深，先后互相贯注，为其学说之中坚。外篇、杂篇，则所以反复推明之者也。杂篇之《天下》篇，历叙各家道术而批判之，且自陈其宗旨之所在，与老子有同异焉。是即庄子之自叙也。

世界观及人生观　庄子以世界为由相对之现象而成立，其本体则未始有对也，无为也，无始无终而永存者也，是为道。故曰："彼是无得其偶谓之道。"曰："道未始有对。"由是而其人生观，亦以反本复始为主义。盖超越相对界而认识绝对无终之本体，以宅其心意之谓也。而所以达此主义者，则在虚静恬淡，屏绝一切矫揉造作之为，而悉委之于自然。忘善恶，脱苦厄，而以无为处世。故曰："大块载我以形，劳我以生，佚我以老，息我以死。故善吾生者，乃所以善吾死者也。"夫生死且不以婴心，更何有于善恶耶！

理想之人格　能达此反本复始之主义者，庄子谓之真人，亦曰神人、圣人。而称其才为全才。尝于其《大宗师》篇详说之。曰："古之真人，不逆寡，不雄成，不谟士。若然者，过而弗悔，当而不自得也。登高不慄，入水不濡，入火不热，其觉无忧，其息深深。"又曰："不知说生，不知恶死。其出不欣，其入不距。翛然往来，不忘其所始，不求其所终。受而喜之，忘而复之，是之谓不以心捐道，不以人助天，是之谓真人。"其他散见各篇者多类此。

修为之法　凡人欲超越相对界而达于极对界，不可不有修为之法。庄子言其卑近者，则曰："微志之勃，解心之谬，去德之累，进道之塞。贵、富、显、严、名、利，六者，勃志也。容、动、色、理、气、意，六者，谬心也。恶、欲、喜、怒、哀、乐，六者，累德也。去、就、取、与、知、能，六者，塞道也。此四六者不荡胸中，则正。正则静，静则明，明则虚，虚则无为而无不为也。"是其消极之修为法也。又曰："夫道，覆载万物者也。洋洋乎大哉，君子不可以不剟心焉。无为为之之谓天，无为言之之谓德，爱人利物之谓仁，不同同之之谓大，行不崖异之谓宽，有万不同之谓富，故执德之谓纪，德成之谓立，循于道之谓备，不以物挫志之谓完。君子明于此十者，则韬乎其事心之大也，沛乎其为万物逝也。"是其积极之修为法也。合而言之，则先去物欲，进而任自然之谓也。

内省　去"四六害"，明"十事"，皆对于外界之修为也。庄子更进而揭其内省之极工，是谓心斋。于《人间世》篇言之曰：颜回问心斋，仲尼曰："一若志无听之以耳而听之以心，无听之以心而听之以气。听止于耳，心止于符。气也者，虚而待物者也。惟道集虚。虚者，心斋也。心斋者，绝妄想而见性真也。"彼尝形容其状态曰："南郭子綦隐几而坐，仰天而嘘，嗒然似丧其耦。颜成子游曰：'何居乎？形固可使如槁木，而心固可使如死灰乎？'""孔子见老子，老子新沐，方被发而干之，慹然似非人者。孔子进见曰：'向者，先生之形体，掘若槁木，似遗世离人而立于独。'老子曰：'吾方游于物之始'。"游于物之始，即心斋之作用也。其言修为之方，则曰："吾守之三日而后能外天下，又守之七日而后能外物，又守之九日而后能外生，外生而后能朝彻，朝彻而后能见独，见独而后能无古今，无古今而后入不死不生。"又曰："一年而野，二年而从，三年而通，四年而物，五年而来，六年而鬼入，七年而天成，八年而不知生不知死，九年而大妙。"盖相对世界，自物质及空间、时间两形式以外，本无所有。庄子所谓外物及无古今，即超绝物质及空间、时间，纯然绝对世界之观念。或言自三日以至九日，或言自一年以至九年，皆不过假设渐进之程度。唯前者述其工夫，后者述其效验而已。庄子所谓心斋，与佛家之禅相似。盖至是而南方思想，已与印度思想契合矣。

北方思想之驳论　庄子之思想如此，则其与北方思想、专以人为之礼教为调摄心性之作用者，固如冰炭之不相入矣。故于儒家所崇拜之帝王，多非难之。曰："三皇五帝之治天下也，名曰治之，乱莫甚焉，使人不得安其性命之情，而犹谓之圣人，不可耻乎！"又曰："昔者皇帝始以仁义撄人之心，尧舜于是乎股无胈，胫无毛，以养天下之形。愁其五藏，以为仁义，矜其血气，以规法度，然犹有不胜也。尧于是放讙兜（讙兜，古代人名，尧时代的佞臣——编者注），投三苗，流共工，此不胜天下也。夫施及三王而天下大骇矣。下有桀跖，上有曾史，而儒墨毕起。于是乎喜怒相疑，愚知相欺，善否相非，诞信相讥，而天下衰矣。大德不同而性命烂漫矣。天下好知而百姓求竭矣。于是乎锯制焉，绳墨杀焉，椎凿决焉，天下脊脊大乱，罪在撄人心。"其他全书中类此者至多。其意不外乎圣人尚智慧，设差别，以为争乱之媒而已。

排仁义　儒家所揭以为道德之标帜者，曰仁义。故庄子排之最力，曰："骈拇枝指，出乎性哉？而侈于德。附赘悬疣，出乎形哉？而侈于性。多方乎仁义而用之者，列乎五藏哉？而非道德之正也。性长非所断，性短非所续，无所去忧也。意仁义其非人情乎？彼仁人何其多忧也。且夫待钩墨规矩而正者，是削其性也。待绳约胶漆而固者，是侵其德也，屈折礼乐，呴俞仁义，以慰天下之心者，此失其常然也。常然者，天下诱然皆生而不知其所以生，同焉皆得而不知其所以得。故古今不二，不可亏也。则仁义又奚连连如胶漆纆索而游乎道德之间为哉！"盖儒家之仁义，本所以止乱。而自庄子观之，则因仁义而更以致乱，以其不顺乎人性也。

道德之推移　庄子之意，世所谓道德者，非有定实，常因时地而迁移。故曰："水行无若用舟，陆行无若用车。以舟之可行于水也，而推之于陆，则没世而不行寻常。古今非水陆耶？周鲁非舟车耶？今蕲行周于鲁，犹推舟于陆，劳而无功，必及于殃。夫礼义法度，应时而变者也。今取猨狙而衣以周公之服，彼必龁啮挽裂，尽去之而后慊。古今之异，犹猨狙之于周公也。"庄子此论，虽若失之过激，然儒家末流，以道德为一定不易，不研究时地之异同，而强欲纳人性于一冶之中者，不可不以庄子此言为药石也。

道德之价值　庄子见道德之随时地而迁移者，则以为其事本无一定之标准，徒由社会先觉者，借其临民之势力，而以意创定。凡民率而行之，沿袭既久，乃成习惯。苟循其本，则足知道德之本无价值，而率循之者，皆媚世之流也。故曰："孝子不谀其亲，忠臣不谀其君。君亲之所言而然，所行而善，世俗所谓不肖之臣子也。世俗之所谓然而然之，世俗之所谓善而善之，不谓之道谀之人耶！"

道德之利害　道德既为凡民之事，则于凡民之上，必不能保其同一之威严。故不唯大圣，即大盗亦得而利用之。故曰："将为胠箧探囊发匮之盗而为守备，则必摄缄縢，固扃鐍，此世俗之所谓知也。然而大盗至，则负匮揭箧探囊而趋，惟恐缄縢扃鐍之不固也。然则乡之所谓知者，不乃为大盗积者也。故尝试论之，世俗所谓知者，有不为大盗积者乎？所谓圣者，有不为大盗守者乎？何以知其然耶？昔者齐国所以立宗庙社稷，治邑屋州闾乡曲者，曷尝不法圣人哉？然而田成子一旦杀齐君而盗其国，所盗者岂独其国耶？并与其圣知之法而盗之。小国不敢非，大国不敢诛，十二世有齐国，则是不乃窃齐国并与其圣知之法，以守其盗贼之身乎？跖之徒问于跖曰：'盗亦有道乎？'跖曰：'何适而无有道耶！夫妄意室中之藏，圣也；入先，勇也；出后，义也；知可否，知也；分均，仁也。五者不备而能成大盗者，未之有也。'由是观之，善人不得圣人之道不立，跖不得圣人之道不行。天下之善人少而不善人多，则圣人之利天下也少，而害天下也多。圣人已死，则大盗不起。"庄子此论，盖鉴于周季拘牵名义之弊。所谓道德仁义者，徒为大盗之所利用。故欲去大盗，则必并其所利用者而去之，始为正本清源之道也。

结论　自尧舜时，始言礼教，历夏及商，至周而大备。其要旨在辨上下，自家庭以至朝庙，皆能少不凌长，贱不凌贵，则相安而无事矣。及其弊也，形式虽存，精神渐灭。强有力者，如田常、盗跖之属，决非礼教所能制。而彼乃转恃礼教以为箝制弱小之具。儒家欲救其弊，务修明礼教，使贵贱同纳于轨范。而道家反对之。以为当时礼法，自束缚人民自由以外，无他效力，不可不决而去之。在老子已有圣人不仁、刍狗万物之说，庄子更大廓其义。举唐、虞以来之政治，诋斥备至，津津于许由北人无择薄天下而不为之流。盖其消极之观察，在悉去政治风俗间种种赏罚毁誉之属，使人人不失其自由，则人各事其所事，各得其所得，而无事乎损人以利己，抑亦无事乎损己以利人，而相忘于善恶之差别矣。其积极之观察，则在世界之无常，人生之如梦，人能向实体世界之观念而进行，则不为此世界生死祸福之所动，而一切忮求恐怖之念皆去，更无所恃于礼教矣。其说在社会方面，近于今日最新之社会主义。在学理方面，近于最新之神道学。其理论多逸出伦理学界，而属于纯粹哲学。兹刺取其有关伦理者，而撮记其概略如右云。

（三）农　家

第九章　许行

　　周季农家之言，传者甚鲜。其有关于伦理学说者，唯许行之道。唯既为新进之徒陈相所传述，而又见于反对派孟子之书，其不尽真相，所不待言，然即此见于孟子之数语而寻绎之，亦有可以窥其学说之梗略者，故推论焉。

　　小传　许行，盖楚人。当滕文公时，率其徒数十人至焉。皆衣褐，綑屦织席以为食。

　　义务权利之平等　商鞅称神农之世，公耕而食，妇织而衣，刑政不用而治。《吕氏春秋》称神农之教曰："士有当年而不耕者，天下或受其饥；女有当年而不织者，天下或受其寒。"盖当农业初兴之时，其事实如此。许行本其事实而演绎以为学说，则为人人各尽其所能，毋或过俭；各取其所需，毋或过丰。故曰："贤者与民并耕而食，饔飧而治。今也滕有仓廪府库，则是厉民而以自养也。"彼与其徒以綑屦织席为业，未尝不明于通功易事之义。至孟子所谓劳心，所谓忧天下，则自许行观之，宁不如无为而治之为愈也。

齐物价 陈相曰："从许子之道，则市价不二。布帛长短同，麻缕丝絮轻重同，五谷多寡同，屦大小同，则贾皆相若。"盖其意以劳力为物价之根本，而资料则为公有，又专求实用而无取乎纷华靡丽之观，以辨上下而别等夷，故物价以数量相准，而不必问其精粗也。近世社会主义家，慨于工商业之盛兴，野人之麇集城市，为贫富悬绝之原因，则有反对物质文明，而持尚农返朴之说者，亦许行之流也。

结论 许行对于政治界之观念，与庄子同。其称神农，则亦犹道家之称黄帝，不屑齿及于尧舜以后之名教也。其为南方思想之一支甚明。孟子之攻陈相也，曰："陈良，楚产也。悦周公、仲尼之道，北学于中国，北方之学者，未能或之先也。"又曰："今也南蛮鴃舌之人，非先王之道，子倍子之师而学之。"是即南北思想不相容之现象也。然其时，南方思潮业已侵入北方，如齐之陈仲子，其主义甚类许行。仲子，齐之世家也。兄戴，盖禄万钟。仲子以兄之禄为不义之禄而不食之，以兄之室为不义之室而不居之，避兄离母，居于於陵，身织屦，妻辟纑，以易粟。孟子曰："仲子不义，与之齐国而弗受。"又曰："亡亲戚君臣上下。"其为粹然南方之思想无疑矣。

（四）墨　家

第十章　墨子

　　孔、老二氏，既代表南北思想，而其时又有北方思想之别派崛起，而与儒家言相抗者，是为墨子。韩非子曰："今之显学，儒墨也。"可以观墨学之势力矣。

　　小传　墨子，名翟，《史记》称为宋大夫。善守御，节用。其年次不详，盖稍后于孔子。庄子称其以绳墨自矫而备世之急。孟子称其摩顶放踵利天下为之。盖持兼爱之说而实行之者也。

　　学说之渊源　宋者，殷之后也。孔子之评殷人曰："殷人尊神，率民而事神，先鬼而后礼，先罚而后赏。"墨子之明鬼尊天，皆殷人因袭之思想。《汉书·艺文志》谓墨学出于清庙之守，亦其义也。孔子虽殷后，而生长于鲁，专明周礼。墨子仕宋，则依据殷道。是为儒、墨差别之大原因。至墨子节用、节葬诸义，则又兼采夏道。其书尝称道禹之功业，而谓公孟子曰："子法周而未法夏，子之古非古也。"亦其证也。

　　弟子　墨子之弟子甚多，其著者，有禽滑厘、随巢、胡非之属。与孟子论争者曰夷之，亦其一也。宋钘非攻，盖亦墨子之支别与？

有神论　墨子学说，以有神论为基础。《明鬼》一篇，所以述鬼神之种类及性质者至备。其言鬼之不可不明也，曰："三代圣王既没，天下失义，诸侯力正。夫君臣之不惠忠也，父子弟兄之不慈孝弟长贞良也，正长之不强于听治，贱人之不强于从事也。民之为淫暴寇乱盗贼，以兵刃毒药水火退无罪人乎道路，率径夺人车马衣裘以自利者，并作。由此始，是以天下乱。此其故何以然也？则皆以疑惑鬼神之有与无之别，不明乎鬼神之能赏贤而罚暴也。今若使天下之人，借若信鬼神之能赏贤而罚暴也，则夫天下岂乱哉？今执无鬼者曰：'鬼神者固无有。'旦暮以为教诲乎天下之人，疑天下之众，使皆疑惑乎鬼神有无之别，是以天下乱。"然则墨子以罪恶之所由生为无神论，而因以明有神论之必要。是其说不本于宗教之信仰及哲学之思索，而仅为政治若社会应用而设。其说似太浅近，以其《法仪》诸篇推之，墨子盖有见于万物皆神，而天即为其统一者，因自昔崇拜自然之宗教而说之以学理者也。

法天　儒家之尊天也，直以天道为社会之法则，而于天之所以当尊，天道之所以可法，未遑详也。及墨子而始阐明其故，于《法仪》篇详之曰："天下从事者不可以无法仪，无法仪而其事能成者，无有也。虽至士之为将相者皆有法，虽至百工从事者亦皆有法。百工为方以矩，为圆以规，直以绳，正以县，无巧工不巧工，皆以此五者为法。巧者能中之；不巧者虽不能中，放依以从事，犹逾己。故百工从事皆有法所度。今大者治天下，其次治大国，而无法所度，此不若百工辩也。"然则吾人之所可以为法者何在？墨子曰："当皆法其父母奚若？天下之为父母者众，而仁者寡，若皆法其父母，此法不仁也。当皆法其学奚若？天下之为学者众，而仁者寡，若皆法其学，此法不仁也。当皆法其君奚若？天下之为君者众，而仁者寡。若皆法其君，此法不仁也。法不仁不可以为法。"夫父母者，彝伦之基本；学者，知识之源泉；君者，于现实界有绝对之威力。然而均不免于不仁，而不可以为法。盖既在此相对世界中，势不能有保其绝对之尊严者也。而吾人所法，要非有全知全能永保其绝对之尊严，而不与时地为推移者，不足以当之，然则非天而谁？故曰："莫若法天。天之行广而无私，其施厚而不德，其明久而不衰，故圣王法之。既以天为法，动作有为，必度于天。天之所欲则为之，天所不欲则止。"由是观之，墨子之于天，直以神灵视之，而不仅如儒家之视为理法矣。

天之爱人利人　人以天为法，则天意之好恶，即以决吾人之行止。夫天意果何在乎？墨子则承前文而言之曰："天何欲何恶？天必欲人之相爱相利，而不欲人之相恶相贼也。奚以知之？以其兼而爱之、兼而利之也。奚以知其兼爱之而兼利之？以其兼而有之、兼而食之也。今天下无大小国，皆天之邑也。人无幼长贵贱，皆天之臣也。此以莫不刍牛羊豢犬猪，絜为酒醴粢盛以敬事天，此不为兼而有之、兼而食之邪？天苟兼而有之食之，夫奚说以不欲人之相爱相利也。故曰：爱人利人者，天必福之；恶人贼人者，天必祸之。曰：杀不辜者，得不祥焉。夫奚说人为其相杀而天与祸乎？是以知天欲人相爱相利，而不欲人相恶相贼也。"

道德之法则天　天之意在爱与利，则道德之法则，亦不得不然。墨子者，以爱与利为结合而不可离者也。故爱之本原，在近世伦理学家，谓其起于自爱，即起于自保其生之观念。而墨子之所见则不然。

兼爱　自爱之爱，与憎相对。充其量，不免至于屈人以伸己。于是互相冲突，而社会之纷乱由是起焉。故以济世为的者，不可不扩充为绝对之爱。绝对之爱，兼爱也，天意也。故曰："盗爱其室，不爱异室，故窃异室以利其室。贼爱其身，不爱人，故贼人以利其身。此何也？皆由不相爱。虽至大夫之相乱家，诸侯之相攻国者，亦然。大夫各爱其家，不爱异家，故乱异家以利其家。诸侯各爱其国，不爱异国，故攻异国以利其国。天下之乱物，具此而已矣。察此何自起，皆起不相爱。若使天下兼相爱，则国与国不相攻，家与家不相乱，盗贼无有，君臣父子皆能孝慈。若此则天下治。"

兼爱与别爱之利害　墨子既揭兼爱之原理，则又举兼爱、别爱之利害以证成之。曰："交别者，生天下之大害；交兼者，生天下之大利。是故别非也，兼是也。"又曰："有二士于此，其一执别，其一执兼。别士之言曰：'吾岂能为吾友之身若为吾身，为吾友之亲若为吾亲。'是故退睹其友，饥则不食，寒则不衣，疾病不侍养，死丧不葬埋。别士之言若此，行若此。兼士之言不然，行亦不然。曰：'吾闻为高士于天下者，必为其友之身若为其身，为其友之亲若为其亲。'是故退睹其友，饥则食之，寒则衣之，疾病侍养之，死丧葬埋之。兼士之言若此，行若此。"墨子又推之而为别君、兼君之事，其义略同。

行兼爱之道　兼爱之道，何由而能实行乎？墨子之所揭与儒家所言之忠恕同。曰："视人之国如其国，视人之家如其家，视人之身如其身。"

利与爱　爱者，道德之精神也，行为之动机也，而吾人之行为，不可不预期其效果。墨子则以利为道德之本质，于是其兼爱主义，同时为功利主义。其言曰："天者，兼爱之而兼利之。天之利人也，大于人之自利者。"又曰："天之爱人也，视圣人之爱人也薄；而其利人也，视圣人之利人也厚。大人之爱人也，视小人之爱人也薄；而其利人也，视小人之利人也厚。"其意以为道德者，必以利达其爱，若厚爱而薄利，则与薄于爱无异焉。此墨子之功利论也。

兼爱之调摄　兼爱者，社会固结之本质。然社会间人与人之关系，尝于不知不觉间，生亲疏之别。故孟子至以墨子之爱无差别为无父，以为兼爱之义，与亲疏之等不相容也。然如墨子之义，则两者并无所谓矛盾。其言曰："孝子之为亲度者，亦欲人之爱利其亲与？意欲人之恶贼其亲与？既欲人之爱利其亲也，则吾恶先从事，即得此，即必我先从事乎爱利人之亲，然后人报我以爱利吾亲也。诗曰：'无言而不仇，无德而不报，投我以桃，报之以李。'即此言爱人者必见爱，而恶人者必见恶也。"然则爱人之亲，正所以爱己之亲，岂得谓之无父耶？且墨子之对公输子也，曰："我钩之以爱，揣之以恭，弗钩以爱则不亲，弗揣以恭而速狎，狎而不亲，则速离。故交相爱，交相恭，犹若相利也。"然则墨子之兼爱，固自有其调摄之道矣。

勤俭　墨子欲达其兼爱之主义，则不可不务去争夺之原。争夺之原，恒在匮乏。匮乏之原，在于奢惰。故为《节用》篇以纠奢，而为非命说以明人事之当尽。又以厚葬久丧，与勤俭相违，特设《节葬》篇以纠之。而墨子及其弟子，则洵能实行其主义者也。

非攻 言兼爱则长非攻。然墨子非攻而不非守，故有《备城门》、《备高临》诸篇，非如孟子所谓修其孝弟忠信，则可制梃而挞甲兵者也。**结论**

墨子兼爱而法天，颇近于西方之基督教。其明鬼而节葬，亦含有尊灵魂、贱体魄之意。墨家巨子，有杀身以殉学者，亦颇类基督。然墨子，科学家也，实利家也。其所言名数质力诸理，多合于近世科学。其论证，则多用归纳法。按切人事，依据历史，其《尚同》、《尚贤》诸篇，则在得明天子及诸贤士大夫以统一各国之政俗，而泯其争。此皆其异于宗教家者也。墨子偏尚质实，而不知美术有陶养性情之作用，故非乐，是其蔽也。其兼爱主义，则无可非者。孟子斥为无父，则门户之见而已。

（五）法　家

周之季世，北有孔孟，南有老庄，截然两方思潮循时势而发展。而墨家毗于北，农家毗于南，如骖之靳焉。然此两方思潮，虽簧鼓一世，而当时君相，方力征经营，以富强其国为鹄的，则于此两派，皆以为迂阔不切事情，而摈斥之。是时有折中南北学派，而洋洋然流演其中部之思潮，以应世用者，法家也。法家之言，以道为体，以儒为用。韩非子实集其大成。而其源则滥觞于孔老学说未立以前之政治家，是为管子。

第十一章　管子

小传　管子，名夷吾，字仲，齐之颍上人。相齐桓公，通货积财，与俗同好恶，齐以富强，遂霸诸侯焉。

著书　管子所著书，汉世尚存八十六篇，今又亡其十篇。其书多杂以后学之所述，不尽出于管氏也。多言政治及理财，其关于伦理学原则者如下。

学说之起源　管子学说，所以不同于儒家者，历史地理，皆与有其影响。周之兴也，武王有乱臣十人，而以周公旦、太公望为首选。周公守圣贤之态度，好古尚文，以道德为政治之本。太公挟豪杰作用，长法兵，用权谋。故周公封鲁，太公封齐，而齐、鲁两国之政俗，大有径庭。《史记》曰："太公之就国也，道宿行迟，逆旅人曰：'吾闻之时难得而易失，客寝甚安，殆非就国者也。'太公闻之，夜衣而行，黎明至国。莱侯来伐，争营邱。太公至国，修政，因其俗，简其礼，通工商之业，便鱼盐之利，人民多归之，五月而报政。周公曰：'何疾也？'曰：'吾简君臣之礼，而从其俗之为也。'鲁公伯禽，受封之鲁，三年而后报政。周公曰：'何迟也？'伯禽曰：'变其俗，革其礼，丧三年而除之，故迟。'周公叹曰：'呜呼！鲁其北面事齐矣。'"鲁以亲亲上恩为施政之主义，齐以尊贤尚功为立法之精神，历史传演，学者不能不受其影响。是以鲁国学者持道德说，而齐国学者持功利说。而齐为东方鱼盐之国，是时吴、楚二国，尚被摈为蛮夷。中国富源，齐而已。管子学说之行于齐，岂偶然耶！

理想之国家　有维持社会之观念者，必设一理想之国家以为鹄。如孔子以尧舜为至治之主，老庄则神游于黄帝以前之神话时代是也。而管子之所谓至治，则曰："人人相和睦，少相居，长相游，祭祀相福，死哀相恤，居处相乐，入则务本疾作以满仓廪，出则尽节死敌以安社稷，坎然如一父之儿，一家之实。"盖纯然以固结其人民使不愧为国家之分子者也。

道德与生计之关系　欲固结其人民奈何？曰：养其道德。然管子之意，以为人民之所以不道德，非徒失教之故，而物质之匮乏，实为其大原因。欲教之，必先富之。故曰："仓廪实而知礼节，衣食足而知荣辱。"又曰："治国之道，必先富民。民富易治，民贫难治。何以知其然也？民富则安乡重家，而敬上畏罪，故易治。民贫则反之，故难治。故治国常富，而乱国常贫。"

上下之义务　管子以人民实行道德之难易，视其生计之丰歉。故言为政者务富其民，而为民者务勤其职。曰："农有常业，女有常事，一夫不耕，或受之饥；一妇不织，或受之寒。"此其所揭之第一义务也。由是而进以道德。其所谓重要之道德，曰礼义廉耻，谓为国之四维。管子盖注意于人心就恶之趋势，故所揭者，皆消极之道德也。

结论　管子之书，于道德起源及其实行之方法，均未遑及。然其所抉道德与生计之关系，则于伦理学界有重大之价值者也。

管子以后之中部思潮　管子之说，以生计为先河，以法治为保障，而后有以杜人民不道德之习惯，而不致贻害于国家，纯然功利主义也。其后又分为数派，亦颇受影响于地理云。

（一）为儒家之政治论所援引，而与北方思想结合者，如孟子虽鄙夷管子，而袭其道德生计相关之说。荀子之法治主义，亦宗之。其最著者为尸佼，其言曰："义必利，虽桀纣犹知义之必利也。"尸子鲁人，尝为商鞅师。

（二）纯然中部思潮，循管子之主义，随时势而发展，李悝之于魏，商鞅之于秦，是也。李悝尽地力，商鞅励农战，皆以富强为的，破周代好古右文之习惯者也，而商君以法律为全能，法家之名，由是立。且其思想历三晋而衍于西方。

（三）与南方思想接触，而化合于道家之说者，申不害之徒也。其主义君无为而臣务功利，是为术家。申子郑之遗臣，而仕于韩。郑与楚邻也。

当是时也，既以中部之思想为调人，而一合于北、一合于南矣。及战国之末，韩非子遂合三部之思潮而统一之。而周季思想家之运动，遂以是为归宿也。

尸子、申子，其书既佚，唯商君、韩非子之书具存。虽多言政治，而颇有伦理学说可以推阐，故具论之。

第十二章　商君

小传　商君氏公孙，名鞅，受封于商，故号曰商君。君本卫庶公子，少好刑名之学。闻秦孝公求贤，西行，以强国之术说之，大得信任。定变法之令，重农战，抑亲贵，秦以富强。孝公卒，有谗君者，君被磔以死。秦袭君政策，卒并六国。君所著书凡二十五篇。

革新主义　管子，持通变主义者也。其于周制虽不屑屑因袭，而未尝大有所摧廓。其时周室虽衰，民志犹未漓也。及战国时代，时局大变，新说迭出。商君承管子之学说，遂一进而为革新主义。其言曰："前世不同教，何古是法？帝王不相复，何礼是循？伏羲神农，不教而诛。黄帝尧舜，诛而不怒。至于文武，各当时而立法，因事而制礼，礼法以时定，制令顺其宜，兵甲器备，各供其用。"故曰："治世者不二道，便国者不必古。汤武之王也，不循古而兴。商夏之亡也，不易礼而亡。"然则反古者未必非，而循礼者未足多，是也。又其驳甘龙之言曰："常人安于故俗，学者溺于所闻，两者以之居官守法可也，非所与论于法之外也。三代不同礼而王，五霸不同法而霸。智者作法，愚者制焉。贤者定法，不肖者拘焉。"商君之果断如此，实为当日思想革命之巨子。固亦为时势所驱迫，而要之非有超人之特性者，不足以语此也。

旧道德之排斥　周末文胜，凡古人所标揭为道德者，类皆名存实亡，为干禄舞文之具，如庄子所谓儒以诗礼破冢者是也。商君之革新主义，以国家为主体，即以人民对于国家之公德为无上之道德。而凡袭私德之名号，以间接致害于国家者，皆竭力排斥之。故曰："有礼，有乐，有诗，有书，有善，有修，有孝，有悌，有廉，有辨，有是十者，其国必削而至亡。"其言虽若过激，然当日虚诬吊诡之道德，非摧陷而廓清之，诚不足以有为也。

重刑　商君者，以人类为唯有营私背公之性质，非以国家无上之威权，逆其性而迫压之，则不能一其心力以集合为国家。故务在以刑齐民，而以赏为刑之附庸。曰："刑者，所以禁夺也。赏者，所以助禁也。故重罚轻赏，则上爱民而下为君死。反之，重赏而轻罚，则上不爱民，而下不为君死。故王者刑九而赏一，强国刑七而赏三，削国刑五而赏亦五。"商君之理想既如此，而假手于秦以实行之，不稍宽假。临渭而论刑，水为之赤。司马迁评为天资刻薄，谅哉。

尚信　商君言国家之治，在法、信、权三者。而其言普通社会之制裁，则唯信。秉政之始，尝悬赏徙木以示信，亦其见端也。盖彼既不认私人有自由行动之余地，而唯以服从于团体之制裁为义务，则舍信以外，无所谓根本之道德矣。

结论　商君，政治家也，其主义在以国家之威权裁制各人。故其言道德也，专尚公德，以为法律之补助，而持之已甚，几不留各人自由之余地。又其观察人性，专以趋恶之一方面为断，故尚刑而非乐，与管子之所谓令顺民心者相反。此则其天资刻薄之结果，而所以不免为道德界之罪人也。

第十三章　韩非子

小传　韩非，韩之庶公子也。喜刑名法术之学。尝与李斯同学于荀卿，斯自以为不如也。韩非子见韩之削弱，屡上书韩王，不见用。使于秦，遂以策干始皇，始皇欲大用之，为李斯所谗，下狱，遂自杀。其所著书凡五十五篇，曰《韩子》。自宋以后，始加"非"字，以别于韩愈云。方始皇未见韩非子时，尝读其书而慕之。李斯为其同学而相秦，故非虽死，而其学说实大行于秦焉。

学说之大纲　韩非子者，集周季学者三大思潮之大成者也。其学说，以中部思潮之法治主义为中坚。严刑必罚，本于商君。其言君主尚无为，而不使臣下得窥其端倪，则本于南方思潮。其言君主自制法律，登进贤能，以治国家，则又受北方思潮之影响者。自孟、荀、尸、申后，三部思潮，已有互相吸引之势。韩非子生于韩，闻申不害之风，而又学于荀卿，其刻核之性质，又与商君相近。遂以中部思潮为根据，又甄择南北两派，取其足以应时势之急，为法治主义之助，而无相矛盾者，陶铸辟灌，成一家言。盖根于性癖，演于师承，而又受历史地理之影响者也。呜呼，岂偶然者！

性恶论　荀子言性恶，而商君之观察人性也，亦然。韩非子承荀、商之说，而以历史之事实证明之。曰："人主之患在信人。信人者，被制于人。人臣之于其君也，非有骨肉之亲也，缚于势而不得不事之耳。故人臣者，窥觇其君之心，无须臾之休，而人主乃怠傲以处其上，此世之所以有劫君弑主也。人主太信其子，则奸臣得乘子以成其私，故李兑傅赵王，而饿主父。人主太信其妻，则奸臣得乘妻以成其利，故优施傅骊姬而杀申生，立奚齐。夫以妻之近，子之亲，犹不可信，则其余尚可信乎？如是，则信者，祸之基也。其故何哉？曰：王良爱马，为其驰也。越王勾践爱人，为其战也。医者善吮人之伤，含人之血，非骨肉之亲也，驱于利也。故舆人成舆，欲人之富贵；匠人成棺，欲人之夭死；非舆人仁而匠人贼也。人不贵则舆不售，人不死则棺不买，情非憎人也，利在人之死也。故后妃夫人太子之党成，而欲君之死，君不死则势不重。情非憎君也，利在君之死也。故人君不可不加心于利己之死者。"

威势 人之自利也，循物竞争存之运会而发展，其势力之盛，无与敌者。同情诚道德之根本，而人群进化，未臻至善，欲恃道德以为成立社会之要素，辄不免为自利之风潮所摧荡。韩非子有鉴于此，故公言道德之无效，而以威势代之。故曰："母之爱子也，倍于父，而父令之行于子也十于母。吏之于民也无爱，而其令之行于民也万于父母。父母积爱而令穷，吏用威严而民听，严爱之策可决矣。"又曰："我以此知威势之足以禁暴，而德行之不足以止乱也。"又举事例以证之，曰："流涕而不欲刑者，仁也。然而不可不刑者，法也。先王屈于法而不听其泣，则仁之不足以为治明也。且民服势而不服义。仲尼，圣人也，以天下之大，而服从之者仅七十人。鲁哀公，下主也，南面为君，而境内之民无不敢不臣者。今为说者，不知乘势，而务行仁义，而欲使人主为仲尼也。"

法律 虽然，威势者，非人主官吏滥用其强权之谓，而根本于法律者也。韩非子之所谓法，即荀卿之礼而加以偏重刑罚之义，其制定之权在人主。而法律既定，则虽人主亦不能以意出入之。故曰："绳直则枉木斫，准平则高科削，权衡悬则轻重平。释法术而心治，虽尧不能正一国；去规矩而度以妄意，则奚仲不能成一轮。"又曰："明主一于法而不求智。"

变通主义 荀卿之言礼也，曰法后王（法后王即立新法，非如杨氏旧注以后王为文武也）。商君亦力言变法，韩非子承之。故曰："上古之世，民不能作家，有圣人教之造巢，以避群害，民喜而以为王。其后有圣人，教民火食。降至中古，天下大水，而鲧禹决渎。桀纣暴乱，而汤武征伐。今有构木钻燧于夏后氏之世者，必为鲧禹笑。有决渎于殷商之世者，必为汤武笑矣。"又曰："宋人耕田，田中有株，兔走而触株，折颈而死。其人遂舍耕而守株，期复得兔，兔不可复得，而身为宋国笑。"然则韩非子之所谓法，在明主循时势之需要而制定之，不可以泥古也。

重刑罚 商君、荀子皆主重刑，韩非子承之。曰："人不恃其身为善，而用其不得为非，待人之自为善，境内不什数，使之不得为非，则一国可齐而治。夫必待自直之箭，则百世无箭。必待自圆之木，则千岁无轮。而世皆乘车射禽者，何耶？用隐括之道也。虽有不待隐括而自直之箭，自圆之木，良工不贵也。何则？乘者非一人，射者非一发也。不待赏罚而恃自善之民，明君不贵也。有术之君，不随适然之善，而行必然之道。罚者，必然之道也。"且韩非子不特尚刑罚而已，而又尚重刑。其言曰："殷法刑弃灰于道者，断其手。子贡以为酷，问之仲尼，仲尼曰：'是知治道者也。夫弃灰于街，必掩人，掩人则人必怒，怒则必斗，斗则三族相灭，是残三族之道也，虽刑之可也。'且夫重罚者，人之所恶，而无弃灰，人之所易，使行其易者而无离于恶，治道也。"彼又言重刑一人，而得使众人无陷于恶，不失为仁。故曰："与之刑者，非所以恶民，而爱之本也。刑者，爱之首也。刑重则民静，然愚人不知，而以为暴。愚者固欲治，而恶其所以治者；皆恶危，而贵其所以危者。"

君主以外无自由 韩非子以君主为有绝对之自由，故曰："君不能禁下而自禁者曰劫，君不能节下而自节者曰乱。"至于君主以下，则一切人民，凡不范于法令之自由，皆严禁之。故伯夷、叔齐，世颂其高义者也。而韩非子则曰："如此臣者，不畏重诛，不利重赏，无益之臣也。"恬淡者，世之所引重也，而韩非子则以为可杀。曰："彼不事天子，不友诸侯，不求人，亦不从人之求，是不可以赏罚劝禁者也。如无益之马，驱之不前，却之不止，左之不左，右之不右，如此者，不令之民也。"

以法律统一名誉　韩非子既不认人民于法律以外有自由之余地，于是自服从法律以外，亦无名誉之余地。故曰："世之不治者，非下之罪，而上失其道也。贵其所以乱，而贱其所以治。是故下之所欲，常相诡于上之所以为治。夫上令而纯信，谓为婑。守法而不变，谓之愚。畏罪者谓之怯。听吏者谓之陋。寡闻从令，完法之民也，世少之，谓之朴陋之民。力作而食，生利之民也，世少之，谓之寡能之民。重令畏事，尊上之民也，世少之，谓之怯慑之民。此贱守法而为善者也。反之而令有不听从，谓之勇。重厚自尊，谓之长者。行乖于世，谓之大人。贱爵禄不挠于上者，谓之杰士。是以乱法为高也。"又曰："父盗而子诉之官，官以其忠君曲父而杀之。由是观之，君之直臣者，父之暴子也。"又曰："汤武者，反君臣之义，乱后世之教者也。汤武，人臣也，弑其父而天下誉之。"然则韩非子之意，君主者，必举臣民之思想自由、言论自由而一切摧绝之者也。

排慈惠　韩非子本其重农尚战之政策，信赏必罚之作用，而演绎之，则慈善事业，不得不排斥。故曰："施与贫困者，此世之所谓仁义也。哀怜百姓不忍诛罚者，此世之所谓惠爱也。夫施与贫困，则功将何赏？不忍诛罚，则暴将何止？故天灾饥馑，不敢救之。何则？有功与无功同赏，夺力俭而与无功无能，不正义也。"

结论　韩非子袭商君之主义，而益详明其条理。其于儒家、道家之思想，虽稍稍有所采撷，然皆得其粗而遗其精。故韩非子者，虽有总揽三大思潮之观，而实商君之嫡系也。法律实以道德为根原，而彼乃以法律统摄道德，不复留有余地；且于人类所以集合社会，所以发生道理法律之理，漠不加察，乃以君主为法律道德之创造者。故其揭明公德，虽足以救儒家之弊，而自君主以外，无所谓自由。且为君主者以术驭吏，以刑齐民，日以心斗，以为社会谋旦夕之平和。然外界之平和，虽若可以强制，而内界之俶扰益甚。秦用其说，而民不聊生，所谓万能之君主，亦卒无以自全其身家，非偶然也。故韩非子之说，虽有可取，而其根本主义，则直不容于伦理界者也。

第一期结论

吾族之始建国也，以家族为模型。又以其一族之文明，同化异族，故一国犹一家也。一家之中，父兄更事多，常能以其所经验者指导子弟。一国之中，政府任事专，故亦能以其所经验者指导人民。父兄之责，在躬行道德以范子弟，而著其条目于家教，子弟有不帅教者责之。政府之责，在躬行道德，以范人民，而著其条目于礼，人民有不帅教者罚之（孔子所谓道之以德、齐之以礼是也。古者未有道德法律之界说，凡条举件系者皆以礼名之。至《礼记》所谓礼不下庶人，则别一义也）。故政府犹父兄也（唯父兄不德，子弟唯怨慕而已，如舜之号泣于旻天是也。政府不德，则人民得别有所拥戴以代之，如汤武之革命是也。然此皆变例），人民常抱有禀承道德于政府之观念。而政府之所谓道德，虽推本自然教，近于动机论之理想，而所谓天命有礼，天讨有罪，则实毗于功利论也。当虞夏之世，天灾流行，实业未兴，政府不得不偏重功利。其时所揭者，曰正德、利用、厚生。利用、厚生者，勤俭之德；正德者，中庸之德也（如皋陶所言之九德是也）。洎乎周代，家给人足，人类公性，不能以体魄之快乐自餍，恒欲进而求精神之幸福。周公承之，制礼作乐。礼之用方以智，乐之用圆而神。右文增美，尚礼让，斥奔竞。其建都于洛也，曰：使有德者易以兴，无德者易以亡，其尚公如此。盖于不知不识间，循时势之推移，偏毗于动机论，而排斥功利论矣。然此皆历史中递嬗之事实，而未立为学说也。管子鉴周治之弊而矫之，始立功利论。然其所谓下令如流水之源，令顺民心，则参以动机论者也。老子苦礼法之拘，而言大道，始立动机论。而其所持柔弱胜刚强之见，则犹未能脱功利论之范围也。商君、韩非子承管子之说，而立纯粹之功利论。庄子承老子之说，而立纯粹之动机论。是为周代伦理学界之大革命家。唯商、韩之功利论，偏重刑罚，仅有消极之一作用。而政府万能，压束人民，不近人情，尤不合于我族历史所孳生之心理。故其说不能久行，而唯野心之政治家阴利用之。庄子之动机论，几超绝物质世界，而专求精神之幸福。非举当日一切家族社会国家之组织而悉改造之，不足以普及其学说，尤与吾族父兄政府之观念相冲突。故其说不特恒为政治家所排斥，而亦无以得普通人之信用，唯遁世之士颇寻味之（汉之政治家言黄老、不言老庄以此）。其时学说，循历史之流委而组织之者，唯儒、墨二家。唯墨子绍述夏商，以挽周弊，其兼爱主义，虽可以质之百世而不惑，而其理论，则专以果效为言，纯然功利论之范围。又以鬼神之祸福胁诱之，于人类所以互相爱利之故，未之详也。而维循当日社会之组织，使人之克勤克俭，互相协助，以各保其生命，而亦不必有陶淑性情之作用。此必非文化已进之民族所能堪，故其说唯平凡之慈善家颇宗尚之（如汉之《太上感应》篇，虽托于神仙家，而实为墨学。明人所传之《阴骘篇》、《功过格》等，皆其流也）。唯儒家之言，本周公遗意，而兼采唐虞夏商之古义以调燮之。理论实践，无在而不用折中主义：推本性道，以励志士，先制恒产，乃教凡民，此折中于动机论与功利论之间者也。以礼节奢，以乐易俗，此折中于文质之间者也。子为父隐，而吏不挠法（如孟子言舜为天子，而瞽瞍杀人，则皋陶执之，舜亦不得而禁之），此折中于公德私德之间者也。人民之道德，禀承于政府，而政府之变置，则又标准于民心，此折中于政府人民之间者也。敬恭祭祀而不言神怪，此折中于人鬼之间者也。虽其哲学之闳深，不及道家；法理之精核，不及法家；人类平等之观念，不及墨家。又其所谓折中主义者，不以至精之名学为基本，时不免有依违背施之迹，故不免为近世学者所攻击。然周之季世，吾族承唐虞以来二千年之进化，而凝结以为社会心理者，实以此种观念为大多数。此其学说所以虽小挫于秦，而自汉以后，卒为吾族伦理界不桃之宗，以至于今日也。

第二期　汉唐继承时代

第一章　总说

汉唐间之学风　周季，处士横议，百家并兴，焚于秦，罢黜于汉，诸子之学说熸矣。儒术为汉所尊，而治经者收拾烬余，治故训不暇给。魏晋以降，又遭乱离，学者偷生其间，无远志，循时势所趋，为经儒，为文苑，或浅尝印度新思想，为清谈。唐兴，以科举之招，尤群趋于文苑。以伦理学言之，在此时期，学风最为颓靡。其能立一家言、占价值于伦理学界者无几焉。

儒教之托始　儒家言，纯然哲学家、政治家也。自汉武帝表章之，其后郡国立孔子庙，岁时致祭。学说有背孔子者，得以非圣无法罪之。于是儒家具有宗教之形式。汉儒以灾异之说，符谶之文，糅入经义。于是儒家言亦含有宗教之性质。是为后世儒教之名所自起。

道教之托始　道家言，纯然哲学家也。自周季，燕齐方士，本上古巫医杂糅之遗俗，而创为神仙家言，以道家有全性葆真之说，则援傅之以为理论。汉武罢黜百家，而独好神仙。则道家言益不得不寄生于神仙家以自全。于是演而为服食，浸而为符箓，而道教遂具宗教之形式，后世有道教之名焉。

佛教之流入　汉儒治经，疲于故训，不足以餍颖达之士；儒家大义，经新莽曹魏之依托，而使人怀疑。重以汉世外戚宦寺之祸，正直之士，多遭惨祸，而汉季人民，酷罹兵燹，激而生厌世之念。是时，适有佛教流入，其哲理契合老庄，而尤为邃博，足以餍思想家。其人生观有三世应报诸说，足以慰藉不聊生之民。其大乘义，有体象同界之说，又无忤于服从儒教之社会。故其教遂能以种种形式，流布于我国。虽有墟寺杀僧之暴主、庐居火书之建议，而不能灭焉。

三教并存而儒教终为伦理学之正宗　道、释二家，虽皆占宗教之地位，而其理论方面，范围于哲学。其实践方面，则辟谷之方，出家之法，仅为少数人所信从。而其他送死之仪，祈祷之式，虽窜入于儒家礼法之中，然亦有增附而无冲突。故在此时期，虽确立三教并存之基础，而普通社会之伦理学，则犹是儒家言焉。

第二章　淮南子

汉初惩秦之败，而治尚黄老，是为中部思想之反动，而倾于南方思想。其时叔孙通采秦法，制朝仪。贾谊、晁错治法家，言治道。虽稍稍绎中部思潮之坠绪，其言多依违儒术，适足为武帝时独尊儒术之先驱。武帝以后，中部思潮，潜伏于北方思潮之中，而无可标揭。南部思潮，则萧然自处于政治界之外，而以其哲理调和于北方思想焉。汉宗室中，河间献王，王于北方，修经术，为北方思想之代表。而淮南王安王于南方，著书言道德及神仙黄白之术，为南方思想之代表焉。

小传　淮南王安，淮南王长之子也。长为文帝弟，以不轨失国，夭死。文帝三分其故地，以王其三子，而安为淮南王。安既之国，行阴德，拊循百姓，招致宾客方术之士数千人，以流名誉。景帝时，与于七国之乱，及败，遂自杀。

著书　安尝使其客苏飞、李尚、左吴、田由、雷被、毛被、何被、晋昌八人，及诸儒大山小山之徒，讲论道德。为内书二十一篇，为外书若干卷，又别为中篇八卷，言神仙黄白之术，亦二十余万言。其内书号曰"鸿烈"。高诱曰："鸿者大也，烈者明也，所以明大道也。"刘向校定之，名为《淮南内篇》，亦名《刘安子》。而其外书及中篇皆不传。

南北思想之调和　南北两思潮之大差别，在北人偏于实际，务证明政治道德之应用，南人偏于理想，好以世界观演绎为人生观之理论，皆不措意于差别界及无差别界之区畔，故常滋聚讼。苟循其本，固非不可以调和者。周之季，尝以中部思潮为绍介，而调和于应用一方面。及汉世，则又有于理论方面调和之者，淮南子、扬雄是也。淮南子有见于老庄哲学专论宇宙本体，而略于研究人性，故特揭性以为教学之中心，而谓发达其性，可以达到绝对界。此以南方思想为根据，而辅之以北方思想者也。扬雄有见于儒者之言虽本现象变化之规则，而推演之于人事，而于宇宙之本体，未遑研究，故撷取老庄哲学之宇宙观，以说明人性之所自。此以北方思想为根据，而辅之以南方思想者也。二者，取径不同，而其为南北思想理论界之调人，则一也。

道　淮南子以道为宇宙之代表，本于老庄；而以道为能调摄万有包含天则，则本于北方思想。其于本体、现象之间，差别界、无差别界之限，亦稍发其端倪。故于《原道训》言之曰："夫道者，覆天载地，廓四方，柝八极，高不可际，深不可测，包裹天地，禀授无形，虚流泉浡，冲而徐盈，混混滑滑，浊而徐清。故植之而塞天地，横之而弥四海，施之无穷而无朝夕，舒之而幠六合，卷之而不盈一握。约而能张，幽而能明，弱而能强，柔而能刚。横四维，含阴阳，纮宇宙，章三光。甚淖而滒，甚纤而微。山以之高，渊以之深，兽以之走，鸟以之飞，日月以之明，星历以之行，麟以之游，凤以之翔。泰古二皇，得道之柄，立于中央，神与化游，以抚四方。"虽然，道之作用，主于结合万有，而一切现象，为万物任意之运动，则皆消极者，而非积极者。故曰："夫有经纪条贯，得一之道，而连千枝万叶，是故贵有以行令，贱有以忘卑，贫有以乐业，困有以处危。所以然者何耶？无他，道之本体，虚静而均，使万物复归于同一之状态者也。"故曰："太上之道，生万物而不有，成化象而不宰，跂行喙息，蠉飞蠕动，待之而后生，而不之知德，待之而后死，而不之能怨。得以利而不能誉，用以败而不能非。收聚畜积而不加富，布施禀授而不益贫。旋县而不可究，纤微而不可勤，累之而不高，堕之而不下，虽益之而不众，虽损之而不寡，虽斫之而不薄，虽杀之而不残，虽凿之而不深，虽填之而不浅。忽兮恍兮，不可为象。恍兮忽兮，用而不屈。幽兮冥兮，应于无形。遂兮洞兮，虚而不动。卷归刚柔，俯仰阴阳。"

性 道既虚净，人之性何独不然，所以扰之使不得虚静者，知也。虚静者天然，而知则人为也。故曰："人生而静，天之性也。感而后动，性之害也。物至而应之，知之动也。知与物接，而好憎生，好憎成形，知诱于外，而不能反己，天理灭矣。"于是圣人之所务，在保持其本性而勿失之。故又曰："达其道者不以人易天，外化物而内不失其情，至无而应其求，时聘而要其宿，小大修短，各有其是，万物之至也。腾踊肴乱，不失其数。"

性与道合 虚静者，老庄之理想也。然自昔南方思想家，不于宇宙间认有人类之价值，故不免外视人性。而北方思想家子思之流，则颇言性道之关系，如《中庸》诸篇是也。淮南子承之，而立性道符同之义，曰："清净恬愉，人之性也。"以道家之虚静，代中庸之诚，可谓巧于调节者。其《齐俗训》之言曰："率性而行之之为道，得于天性之谓德。"即《中庸》所谓"率性之为道，修道之为教"也。于是以性为纯粹具足之体，苟不为外物所蔽，则可以与道合一。故曰："夫素之质白，染之以涅则黑。缣之性黄，染之以丹则赤。人之性无邪，久湛于俗则易，易则忘本而合于若性。故日月欲明，浮云蔽之。河水欲清，沙石秽之。人性欲平，嗜欲害之。惟圣人能遗物而已。夫人乘船而惑，不知东西，见斗极而悟。性，人之斗极也，有以自见，则不失物之情；无以自见，则动而失营。"

修为之法 承子思之性论而立性善论者，孟子也。孟子揭修为之法，有积极、消极二义，养浩然之气及求放心是也。而淮南子既以性为纯粹具足之体，则有消极一义而已足。以为性者，无可附加，唯在去欲以反性而已。故曰："为治之本，务在安民。安民之本，在足用。足用之本，在无夺时。无夺时之本，在省事。省事之本，在节欲。节欲之本，在反性。反性之本，在去载。去载则虚，虚则平。平者，道之素也。虚者，道之命也。能有天下者，必不丧其家。能治其家者，必不遗其身。能修其身者，必不忘其心。能原其心者，必不亏其性。能全其性者，必不惑于道。"载者，浮华也，即外界诱惑之物，能刺激人之嗜欲者也。然淮南子亦以欲为人性所固有而不能绝对去之，故曰："圣人胜于心，众人胜于欲，君子行正气，小人行邪性。内便于性，外合于义，循理而动，不系于殉，正气也。重滋味，淫声色，发喜怒，不顾后患者，邪气也。邪与正相伤，欲与性相害，不可两立，一置则一废，故圣人损欲而从事于性。目好色，耳好声，口好味，接而悦之，不知利害，嗜欲也。食之而不宁于体，听之而不合于道，视之而不便于性，三宫交争，以义为制者，心也。痤疽非不痛也。饮毒药，非不苦也。然而为之者，便于身也。渴而饮水，非不快也。饥而大食，非不澹也。然而不为之者，害于性也。四者，口耳目鼻，不如取去，心为之制，各得其所。"由是观之，欲之不可胜也明矣。凡治身养性，节寝处，适饮食，和喜怒，便动静，得之在己，则邪气因而不生。又曰："情适于性，则欲不过节。"然则淮南子之意，固以为欲不能尽灭，唯有以节之，使不致生邪气以害性而已。盖欲之适性者，合于自然；其不适于性者，则不自然。自然之欲可存；而不自然之欲，不可不勉去之。

善即无为　淮南子以反性为修为之极则，故以无为为至善，曰：所谓善者，静而无为也。所为不善者，躁而多欲也。适情辞余，无所诱惑，循性保真而无变。故曰：为善易。越城郭，逾险塞，奸符节，盗管金，篡杀矫诬，非人之性也。故曰：为不善难。

理想之世界　淮南子之性善说，本以老庄之宇宙观为基础，故其理想之世界，与老庄同。曰："性失然后贵仁，过失然后贵义。是故仁义足而道德迁，礼乐余则纯朴散，是非形则百姓眩，珠玉尊则天下争。凡四者，衰世之道也，末世之用也。"又曰："古者民童蒙，不知东西，貌不羡情，言不溢行，其衣致暖而无文，其兵戈铢而无刃，其歌乐而不转，其哭哀而无声。凿井而饮，耕田而食，无所施其美，亦不求得，亲戚不相毁誉，朋友不相怨德。及礼义之生，货财之贵，而诈伪萌兴，非誉相纷，怨德并行。于是乃有曾参孝己之美，生盗跖庄跻之邪。故有大路龙旗羽盖垂缨结驷连骑，则必有穿窬折抽箕逾备之奸；有诡文繁绣弱褕罗纨，则必有菅蹻踊蹻短褐不完。故高下之相倾也，短修之相形也，明矣。"其言固亦有倒果为因之失，然其意以社会之罪恶，起于不平等；又谓至治之世，无所施其美，亦不求得，则名言也。

性论之矛盾　淮南子之书，成于众手，故其所持之性善说，虽如前述，而间有自相矛盾者。曰："身正性善，发愤而为仁，愊凭而为义，性命可说，不待学问而合于道者，尧舜文王也。沉湎耽荒，不教以道者，丹朱商均也。曼颊皓齿，形夸骨徕，不待脂粉芲泽而可性说者，西施阳文也。嗌吶哆吶，蒛蘧戚施，虽粉白黛黑，不能为美者，嫫母仳傕也。夫上不及尧舜，下不及商均，美不及西施，恶不及嫫母，是教训之所谕。"然则人类特殊之性，有偏于美恶两极而不可变，如美丑焉者，常人列于其间，则待教而为善，是即孔子所谓性相近，唯上知与下愚不移者也。淮南子又常列举尧、舜、禹、文王、皋陶、启、契、史皇、羿九人之特性而论之曰："是九贤者，千岁而一出，犹继踵而生，今无五圣之天奉，四俊之才难，而欲弃学循性，是犹释船而欲碾水也。"然则常人又不可以循性，亦与其本义相违者也。

结论　淮南子之特长，在调和儒、道两家，而其学说，则大抵承前人所见而阐述之而已。其主持性善说，而不求其与性对待之欲之所自出，亦无以异于孟子也。

第三章　董仲舒

小传　董仲舒，广川人。少治春秋，景帝时，为博士。武帝时，以贤良应举，对策称旨。武帝复策之，仲舒又上三策，即所谓《天人策》也。历相江都王、胶西王，以病免，家居著书以终。

著书　《天人策》为仲舒名著，其第三策，请灭绝异学，统一国民思想，为武帝所采用，遂尊儒术为国教，是为伦理史之大纪念。其他所著书，有所谓《春秋繁露》、《玉杯》、《竹林》之属，其详已不可考。而传于世者号曰《春秋繁露》，盖后儒所缀集也。其间虽多有五行灾异之说，而关于伦理学说者，亦颇可考见云。

纯粹之动机　仲舒之伦理学，专取动机论，而排斥功利说。故曰："正其义不谋其利，明其道不计其功。"此为宋儒所传诵，而大占势力于伦理学界者也。

天人之关系　仲舒立天人契合之说，本上古崇拜自然之宗教而敷张之。以为踪迹吾人之生系，自父母而祖父母而曾父母，又递推而上之，则不能不推本于天，然则人之父即天也。天者，不特为吾人理法之标准，而实有血族之关系，故吾人不可不敬之而法之。然则天之可法者何在耶？曰："天覆育万物，化生而养成之，察天之意，无穷之仁也。"天常以爱利为意，以养为事。又曰："天生之以孝悌，无孝悌则失其所以生。地养之以衣食，无衣食则失其所以养。人成之以礼乐，无礼乐则失其所以成。"言三才之道唯一，而宇宙究极之理想，不外乎道德也。由是以人为一小宇宙，而自然界之变异，无不与人事相应。盖其说颇近于墨子之有神论，而其言天以爱利为道，亦本于墨子也。

性 仲舒既以道德为宇宙全体之归宿，似当以人性为绝对之善，而其说乃不然。曰："禾虽出米，而禾未可以为米。性虽出善，而性未可以为善。茧虽有丝，而茧非丝。卵虽出雏，而卵非雏。故性非善也。性者，禾也，卵也，茧也。卵待覆而后为善雏，茧待练而后为善丝，性待教训而后能善。善者，教诲所使然也，非质朴之能至也。"然则性可以为善，而非即善也。故又驳性善说，曰："循三纲五纪，通八端之理，忠信而博爱，敦厚而好礼，乃可谓善，是圣人之善也。故孔子曰：'善人吾不得而见之，得见有恒者斯可矣。'由是观之，圣人之所谓善，亦未易也。善于禽兽，非可谓善也。"又曰："天地之所生谓之性情，情与性一也，暝情亦性也。谓性善则情奈何？故圣人不谓性善以累其名。身之有性情也，犹天之有阴阳也。"言人之性而无情，犹言天之阳而无阴也。仁、贪两者，皆自性出，必不可以一名之也。

性论之范围 仲舒以孔子有上知下愚不移之说，则从而为之辞曰："圣人之性，不可以名性，斗筲之性，亦不可以名性。性者，中民之性也。"是亦开性有三品说之端者也。

教 仲舒以性必待教而后善，然则教之者谁耶？曰：在王者，在圣人。盖即孔子之所谓上知不待教而善者也。故曰："天生之，地载之，圣人教之。君者，民之心也。民者，君之体也。心之所好，天必安之。君之所命，民必从之。故君民者，贵孝悌，好礼义，重仁廉，轻财利，躬亲职此于上，万民听而生善于下，故曰：先王以教化民。"

仁义 仲舒之言修身也，统以仁义，近于孟子。唯孟子以仁为固有之道德性，而以义为道德法则之认识，皆以心性之关系言之；而仲舒则自其对于人我之作用而言之，盖本其原始之字义以为说者也。曰："春秋之所始者，人与我也。所以治人与我者，仁与义也。仁以安人，义以正我，故仁之为言人也，义之为言我也，言名以别，仁之于人，义之于我，不可不察也。众人不察，乃反以仁自裕，以义设人，绝其处，逆其理，鲜不乱矣。"又曰："春秋为仁义之法，仁之法在爱人，不在爱我。义之法在正我，不在正人。我不自正，虽能正人，而义不予。不被泽于人，虽厚自爱，而仁不予。"

结论 仲舒之伦理学说，虽所传不具，而其性论，不毗于善恶之一偏，为汉唐诸儒所莫能外。其所持纯粹之动机论，为宋儒一二学派所自出，于伦理学界颇有重要之关系也。

第四章　扬雄

小传　扬雄，字子云，蜀之成都人。少好学，不为章句训诂，而博览，好深湛之思，为人简易清净，不汲汲于富贵。哀帝时，官至黄门郎。王莽时，被召为大夫。以天凤七年卒，年七十一。

著书　雄尝治文学及言语学，作辞赋及方言训纂篇等书。晚年，专治哲学，仿《易传》著《太玄》，仿《论语》著《法言》。《太玄》者，属于理论方面，论究宇宙现象之原理，及其进动之方式。《法言》者，属于实际方面，推究道德政治之法则。其伦理学说，大抵见于《法言》云。

玄　扬雄之伦理学说，与其哲学有密切之关系。而其哲学，则融会南北思潮而较淮南子更明晰更切实也。彼以宇宙本体为玄，即老庄之所谓道也。而又进论其动作之一方面，则本易象中现象变化之法则，而推阐为各现象公动之方式。故如其说，则物之各部分，与其全体，有同一之性质。宇宙间发生人类，人类之性，必同于宇宙之性。今以宇宙之本体为玄，则人各为一小玄体，而其性无不具有玄之特质矣。然则所谓玄者如何耶？曰："玄者，幽摛万物而不见形者也。资陶万物而生规，捆神明而定摹，通古今以开类，捆指阴阳以发气，一判一合，天地备矣。天日回行，刚柔接矣。还复其所，始终定矣。一生一死，性命莹矣。仰以观象，俯以观情，察性知命，原始见终，三仪同科，厚薄相劘，圆者杌陧，方者啬啬，嘘者流体，唫者凝形。"盖玄之本体，虽为虚静，而其中包有实在之动力，故动而不失律。盖消长二力，并存于本体，而得保其均衡。故本体不失其为虚静，而两者之潜势力，亦常存而不失焉。

性　玄既如是，性亦宜然。故曰："天降生民，倥侗颛蒙。"谓乍观之，不过无我无知之状也。然玄之中，由阴阳之二动力互相摄而静定。则性之中，亦当有善恶之二分子，具同等之强度。如中性之水，非由蒸气所成，而由于酸碱两性之均衡也。故曰："人之性也，善恶混。修其善则为善人，修其恶则为恶人。气也者，适于善恶之马也。"雄所谓气，指一种冲动之能力，要亦发于性而非在性以外者也。然则雄之言性，盖折中孟子性善、荀子性恶二说而为之，而其玄论亦较孟、荀为圆足焉。

性与为　人性者，一小玄也。触于外力，则气动而生善恶。故人不可不善驭其气。于是修为之方法尚已。

修为之法　或问何如斯之谓人？曰：取四重，去四轻。何谓四重？曰：重言，重行，重貌，重好。言重则有法，行重则有德，貌重则有威，好重则有欢。何谓四轻？曰：言轻则招忧，行轻则招辜，貌轻则招辱，好轻则招淫。其言不能出孔子之范围。扬雄之学，于实践一方面，全袭儒家之旧。其言曰："老子之言道德也，吾有取焉。其槌提仁义，绝灭礼乐，吾无取焉。"可以观其概矣。

模范　雄以人各为一小玄，故修为之法，不可不得师，得其师，则久而与之类化矣。故曰："勤学不若求师。师者，人之模范也。"曰："螟蛉之子，殪而遇蜾蠃，蜾蠃见之，曰：类我类我，久则肖之。速矣哉！七十子之似仲尼也。或问人可铸与？曰：孔子尝铸颜回矣。"

结论　扬雄之学说，以性论为最善，而于性中潜力所由以发动之气，未尝说明其性质，是其性论之缺点也。

第五章　王充

汉代自董、扬以外，著书立言，若刘向之《说苑》、《新序》，桓谭之《新论》，荀悦之《申鉴》，以至徐幹之《中论》，皆不愧为儒家言，而无甚创见。其抱革新之思想，而敢与普通社会奋斗者，王充也。

小传　王充，字仲任，上虞人。师事班彪，家贫无书，常游洛阳市肆，阅所卖书，遂博通众流百家之言。著《论衡》八十五篇，《养性书》十六篇。今所传者唯《论衡》云。

革新之思想　汉儒之普通思想，为学理进步之障者二：曰迷信，曰尊古。王充对于迷信，有《变虚》、《异虚》、《感虚》、《福虚》、《祸虚》、《龙虚》、《雷虚》、《道虚》等篇。于一切阴阳灾异及神仙之说，搘击不遗余力，一以其所经验者为断，粹然经验派之哲学也。其对于尊古，则有《刺孟》、《非韩》、《问孔》诸篇。虽所举多无关宏旨，而要其不阿所好之精神，有可取者。

无意志之宇宙论　王充以人类为比例，以为凡有意志者必有表现其意志之机关，而宇宙则无此机关，则断为无意志。故曰："天地者，非有为者也。凡有为者有欲，而表之以口眼者也。今天者如云雾，地者其体土也。故天地无口眼，而亦无为。"

万物生于自然　宇宙本无意志，仅为浑然之元气，由其无意识之动，而天地万物，自然生焉。王充以此意驳天地生万物之旧说。曰："凡所谓生之者，必有手足。今云天地生之，而天地无有手足之理，故天地万物之生，自然也。"

气与形形与命　天地万物，自然而生，物之生也，各禀有一定之气，而所以维持其气者，不可不有相当之形。形成于生初，而一生之运命及性质，皆由是而定焉。故曰："俱禀元气，或为禽兽，或独为人，或贵或贱，或贫或富，非天禀施有左右也。人物受性，有厚薄也。"又曰："器形既成，不可小大。人体已定，不可减增。用气为性，性成命定。体气与形骸相抱，生死与期节相须。"又曰："其命富者，筋力自强，命贵之人，才智自高。"（班彪尝作《王命论》，充师事彪，故亦言有命）

骨相　人物之运命及性质，皆定于生初之形。故观其骨相，而其运命之吉凶，性质之美恶，皆得而知之。其所举因骨相而知性质之证例有曰：越王勾践长颈鸟喙，范蠡以为可以共忧患而不可与共安乐；秦始皇隆准长目鹰胸犀声，其性残酷而少恩云。

性　王充之言性也，综合前人之说而为之。彼以为孟子所指为善者，中人以上之性，如孔子之生而好礼是也。荀子所指为恶者，中人以下之性，少而无推让之心是也。至扬雄所谓善恶混者，则中人之性也。性何以有善恶？则以其禀气有厚薄多少之别。禀气尤厚尤多者，恬淡无为，独肖元气，是谓至德之人，老子是也。由是而递薄递少，则以渐不肖元气焉。盖王充本老庄之义，而以无为为上德云。

恶　王充以人性之有善恶，由于禀气有厚薄多少之别。此所谓恶，盖仅指其不能为善之消极方面言之，故以为禀气少薄之故。至于积极之恶，则又别举其原因焉。曰："万物有毒之性质者，由太阳之热气而来，如火烟入眼中，则眼伤。火者，太阳之热所变也。受此热气最甚者，在虫为蜂，在草为茛、巴豆、冶、鲅、鰯，在鱼为鲑，在人为小人。"然则充之意，又以为元气中含有毒之分子，而以太阳之热气代表之也。

结论　王充之特见，在不信汉儒天人感应之说。其所言人之命运及性质与骨相相关，颇与近世唯物论以精神界之现象悉推本于生理者相类，在当时不可谓非卓识。唯彼欲以生初之形，定其一生之命运及性质，而不悟体育及智、德之教育，于变化体质及精神，皆有至大之势力，则其所短也。要之，充实为代表当时思想之一人，盖其时人心已厌倦于经学家天人感应五行灾异之说，又将由北方思潮而嬗于南方思想。故其时桓谭、冯衍皆不言谶，而王充有《变虚》、《异虚》诸篇，且以老子为上德。由是而进，则南方思想愈炽，而魏晋清谈家兴焉。

第六章　清谈家之人生观

自汉以后，儒学既为伦理学界之律贯，虽不能人人实践，而无敢昌言以反对之者。不特政府保持之力，抑亦吾民族由习惯而为遗传性，又由遗传性而演为习惯，往复于儒教范围中，迭为因果，其根柢深固而不可摇也。其间偶有一反动之时代，显然以理论抗之者，为魏晋以后之清谈家。其时虽无成一家之言者，而于伦理学界，实为特别之波动。故钩稽事状，缀辑断语，而著其人生观之大略焉。

起源　清谈家之所以发生于魏晋以后者，其原因颇多：（一）经学之反动。汉儒治经，囿于诂训章句，牵于五行灾异，而引以应用于人事。积久而高明之士，颇厌其拘迂。（二）道德界信用之失。汉世以经明行修孝廉方正等科选举吏士，不免有行不副名者。而儒家所崇拜之尧舜周公，又迭经新莽魏文之假托，于是愤激者遂因而怀疑于历史之事实。（三）人生之危险。汉代外戚宦官，更迭用事。方正之士，频遭惨祸，而无救于危亡。由是兵乱相寻，贤愚贵贱，均有朝不保夕之势。于是维持社会之旧学说，不免视为赘疣。（四）南方思想潜势力之发展。汉武以后，儒家言虽因缘政府之力，占学界统一之权，而以其略于宇宙论之故，高明之士，无以自餍。故老庄哲学，终潜流于思想界而不灭。扬雄当儒学盛行时，而著书兼采老庄，是其证也。及王充时，潜流已稍稍发展。至于魏晋，则前之三因，已达极点，思想家不能不援老庄方外之观以自慰，而其流遂漫衍矣。（五）佛教之输入。当此思想界摇动之时，而印度之佛教，适乘机而输入，其于厌苦现世超度彼界之观念，尤为持之有故而言之成理。于是大为南方思想之助力，而清谈家之人生观出焉。

要素　清谈家之思想，非截然舍儒而合于道、佛也，彼盖灭裂而杂糅之。彼以道家之无为主义为本，而于佛教则仅取其厌世思想，于儒家则留其阶级思想（阶级思想者，源于上古时百姓、黎民之分，孔孟则谓之君子、小人，经秦而其迹已泯。然人类不平等之思想，遗传而不灭；观东晋以后之言门第可知也）及有命论（夏道尊命，其义历商周而不灭。孔子虽号罕言命，而常有有命、知命、俟命之语。唯儒家言命，其使人克尽义务，而不为境界所移。汉世不遇之士，则借以寄其怨愤。至王充则引以合于道家之无为主义，则清谈家所本也）。有阶级思想，而道、佛两家之人类平等观，儒、佛两家之利他主义，皆以为不相容而去之。有厌世思想，则儒家之克己，道家之清净，以至佛教之苦行，皆以为徒自拘苦而去之。有命论及无为主义，则儒家之积善，佛教之济度，又以为不相容而去之。于是其所余之观念，自等也，厌世也，有命而无可为也，遂集合而为苟生之唯我论，得以伪列子之《杨朱》篇代表之（《杨朱》篇虽未能确指为何人所作，然以其理论与清谈家之言行正相符合，故假定为清谈家之学说）。略叙其说于下：

人生之无常　《杨朱》篇曰："百年者，寿之大齐，得百年者千不得一。设有其一，孩抱以逮昏老，夜眠之所弭者或居其半，昼觉之所遗者又几居其半，痛疾哀苦亡失忧惧又或居其半，量十数年之中，逍遥自得，无介焉之虑者，曾几何时！人之生也，奚为哉？奚乐哉？"曰："十年亦死，百年亦死，生为尧舜，死则腐骨，生为桀纣，死亦腐骨，一而已矣。"言人生至短且弱，无足有为也。阮籍之《大人先生传》，用意略同。曰："天地之永固，非世俗之所及。往者天在下，地在上，反覆颠倒，未之安固，焉能不失律度？天固地动，山陷川起，云散震坏，六合失理，汝又焉得择地而行，趋步商羽？往者祥气争存，万物死虑，支体不从，身为泥土，根拔枝除，咸失其所，汝又安得束身修行，磬折抱鼓？李牧有功而身死，伯宗忠而世绝，进而求利以丧身，营爵赏则家灭，汝又焉得金玉万亿，挟纸奉君上全妻子哉？"要之，以有命为前提，而以无为为结论而已。

从欲　彼所谓无为者，谓无所为而为之者也。无所为而为之，则如何？曰："视吾力之所能至，以达吾意之所向而已。"《杨朱》篇曰："太古之人，知生之暂来，而死之暂去，故从心而不违自然。"又曰："恣耳之所欲听，恣目之所欲视，恣鼻之所欲向，恣口之所欲言，恣体之所欲安，恣意之所欲行。耳所欲闻者音声，而不得听之，谓之阏聪。目所欲见者美色，而不得见之，谓之阏明。鼻所欲向者椒兰，而不得嗅之，谓之阏颤。口所欲道者是非，而不得言之，谓之阏智。体所欲安者美厚，而不得从之，谓之阏适。意所欲为者放逸，而不得行之，谓之阏往。凡是诸阏，废虐之主。去废虐之主，则熙熙然以俟死，一日、一月、一年、十年，吾所谓养也（即养生）。拘于废虐之主，缘而不舍，戚戚然以久生，虽至百年、千年、万年，非吾所谓养也。"又设为事例以明之曰："子产相郑，其兄公孙朝好酒，弟公孙穆好色。方朝之纵于酒也，不知世道之安危，人理之悔咎，室内之有亡，亲族之亲疏，存亡之哀乐，水火兵刃，虽交于前而不知。方穆之耽于色也，屏亲昵，绝交游。子产戒之。朝、穆二人对曰：凡生难遇而死易及，以难遇之生，俟易及之死，孰当念哉？而欲尊礼义以夸人，矫情性以招名，吾以此为不若死。而欲尽一生之欢，穷当年之乐，惟患腹溢而口不得恣饮，力惫而不得肆情于色，岂暇忧名声之丑、性命之危哉！"清谈家中，如阮籍、刘伶、毕卓之纵酒，王澄、谢鲲等之以任放为达，不以醉裸为非，皆由此等理想而演绎之者也。

排圣哲　《杨朱》篇曰："天下之美，归之舜禹周孔。天下之恶，归之桀纣。然而舜者，天民之穷毒者也。禹者，天民之忧苦者也。周公者，天民之危惧者也。孔子者，天民之遑遽者也。凡彼四圣，生无一日之欢，死有万世之名，名固非实之所取也；虽称之而不知，虽赏之而不知，与株块奚以异？桀者，天民之逸荡者也。纣者，天民之放纵者也。之二凶者，生有从欲之欢，死有愚暴之名，实固非名之所与也；虽毁之而不知，虽称之而不知，与株块奚以异？"此等思想，盖为汉魏晋间篡弑之历史所激而成者。如庄子感于田横之盗齐，而言圣人之言仁义适为大盗积者也。嵇康自言尝非汤武而薄周孔，亦其义也。此等问题，苟以社会之大，历史之久，比较而探究之，自有其解决之道，如孟子、庄子是也。而清谈家则仅以一人及人之一生为范围，于是求其说而不可得，则不得不委之于命，由怀疑而武断，促进其厌世之思想，唯从欲以自放而已矣。

旧道德之放弃　《杨朱》篇曰："忠不足以安君，而适足以危身。义不足以利物，而适足以害生。安上不由忠而忠名灭，利物不由义而义名绝，君臣皆安物而不兼利，古之道也。"此等思想，亦迫于正士不见容而发，然亦由怀疑而武断，而出于放弃一切旧道德之一途。阮籍曰："礼岂为我辈设！"即此义也。曹操之枉奏孔融也，曰："融与白衣祢衡，跌荡放言，云：父之于子，当有何亲？论其本意，实为情欲发耳。子之于母，亦复奚为？譬如寄物瓶中，出则离矣。"此等语，相传为路粹所虚构，然使路粹不生于是时，则亦不能忽有此意识。又如谢安曰："子弟亦何预人事，而欲使其佳。"谢玄云："如芝兰不树，欲其生于庭阶耳。"此亦足以窥当时思想界之一斑也。

不为恶　彼等无在而不用其消极主义，故放弃道德，不为善也，而亦不肯为恶。范滂之罹祸也，语其子曰："我欲令汝为恶，则恶不可为，复令汝为美，则我不为恶。"盖此等消极思想，已萌芽于汉季之清流矣。《杨朱》篇曰："生民之不得休息者，四事之故：一曰寿，二曰名，三曰位，四曰货。为是四者，畏鬼，畏人，畏威，畏形，此之谓遁人。可杀可活，制命者在外，不逆命，何羡寿。不矜贵，何羡名。不要势，何羡位。不贪富，何羡货。此之谓顺民。"又曰："不见田父乎，晨出夜入，自以性之恒，啜粟茹藿，自以味之极，肌肉粗厚，筋节蜷急，一朝处以柔毛纤幕，荐以粱肉兰桔，则心痛体烦，而内热生病。使商鲁之君，处田父之地，亦不盈一时而惫，故野人之安，野人之美也，天下莫过焉。"彼等由有命论、无为论而演绎之，则为安分知足之观念。故所谓从欲焉者，初非纵欲而为非也。

排自杀　厌世家易发自杀之意识，而彼等持无为论，则亦反对自杀。《杨朱》篇曰："孟孙阳曰：若是，则速亡愈于久生。践锋刃，入汤火，则得志矣。杨子曰：不然，生则废而任之，究其所欲，以放于尽，无不废焉，无不任焉，何遂欲迟速于其间耶？"（佛教本禁自杀，清谈家殆亦受其影响）

不侵人之维我论　凡利己主义，不免损人，而彼等所持，则利己而并不侵人，为纯粹之无为论。故曰：古之人损一毫以利天下，不与也。悉天下以奉一人，不取也。人人不损一毫，人人不利天下，则天下自治。

反对派之意见　方清谈之盛行，亦有一二反对之者。如晋武帝时，傅玄上疏曰："先王之御天下也，教化隆于上，清议行于下，近者魏武好法术，天下贵刑名。魏文慕通达，天下贱守节。其后纲维不摄，放诞盈朝，遂使天下无复清议。"惠帝时，裴颜作《崇有论》曰："利欲虽当节制，而不可绝去，人事须当节，而不可全无。今也，谈者恐有形之累，盛称虚无之美，终薄综世之务，贱内利之用，悖吉凶之礼，忽容止之表，渎长幼之序，混贵贱之级，无所不至。夫万物之性，以有为引，心者非事，而制事必由心，不可谓心为无也。匠者非器，而制器必须匠，不可谓非有匠也。"由是观之，济有者皆有也，人类既有，虚无何益哉。其言非不切著，而限于常识，不足以动清谈家思想之基础，故未能有济也。

结论　清谈家之思想，至为浅薄无聊，必非有合群性之人类所能耐，故未久而熄。其于儒家伦理学说之根据，初未能有所震撼也。

第七章 韩愈

方清谈之盛,南方学者,如王勃之流,尝援老庄以说经。而北方学者,如徐遵明、李铉辈,皆笃守汉儒诂训章句之学,至隋唐而未沫。齐陈以降,南方学者,倦于清谈,则竞趋于文苑,要之皆无关于学理者也。隋之时,龙门王通,始以绍述北方之思想自任,尝仿孔子作《王氏六经》,皆不传,传者有《中论》,其弟子所辑,以当孔氏之《论语》者也。其言皆夸大无精义,其根本思想,曰执中。其调和异教之见解,曰三教一致。然皆标举题目,而未有特别之说明也。唐中叶以后,南阳韩愈,慨六朝以来之文章,体格之卑靡,内容之浅薄,欲导源于群经诸子以革新之。于是始从事于学理之探究,而为宋代理学之先驱焉。

小传 韩愈,字退之,南阳人。年八岁,始读书。及长,尽通六经百家之学。贞元八年,擢进士第,历官至吏部侍郎,其间屡以直谏被贬黜。宪宗时,上迎佛骨表,其最著者也。穆宗时卒,谥曰文。

儒教论 愈之意,儒教者,因人类普通之性质,而自然发展,于伦理之法则,已无间然,决不容舍是而他求者也。故曰:"夫先王之教何也?博爱之谓仁,行而宜之之谓义,由是而之焉之谓道,足于己无待于外之谓德。""其文诗书易春秋,其法礼乐刑政,其民士农工商,其位君臣父子师友宾主昆弟夫妇,其服麻丝,其居宫室,其食粟米蔬果鱼肉,其道也易明，其教也易行。是故以之为己则顺而祥，以之为人则爱而公，以之为心则和而平，以之为天下国家，则处之而无不当。是故生得其情，死尽其常，郊而天神假，庙而人鬼享。"其叙述可谓简而能赅，然第即迹象而言，初无关乎学理也。

排老庄 愈既以儒家为正宗，则不得不排老庄。其所以排之者曰："今其言曰，圣人不死，大盗不止。剖斗折衡，而民不争。呜呼！其亦不思而已矣。使古无圣人，则人类灭久矣。何则？无羽毛鳞甲以居寒热也。"又曰："今其言曰：曷不为太古之无事，是责冬之裘者，曰曷不易之以葛；责饥之食者，曰曷不易之以饮也。"又曰："老子之小仁义也，其所见者小也。彼以煦煦为仁，孑孑为义，其小之也固宜。"又曰："凡吾所谓道德，合仁与义而言之也，天下之公言也。老子之所谓道德，去仁与义而言之也，一人之私言也。"皆对于南方思想之消极一方面，而以常识攻击之；至其根本思想，及积极一方面，则未遑及也。

排佛教 王通之论佛也，曰：佛者，圣人也。其教，西方之教也。在中国则泥，轩车不可以通于越，冠冕不可以之胡，言其与中国之历史风土不相容也。韩愈之所以排佛者，亦同此义，而附加以轻侮之意。曰："今其法曰，必弃而君臣，去而父子，禁而相生相养之道，以求所谓清净寂灭。呜呼！其亦幸而于三代之后，不见黜于禹汤文武周公孔子也。"盖愈之所排，佛教之形式而已。

性 愈之立说稍合于学理之范围者，性论也。其言曰："性有三品，上者善而已，中者可导而上下者也，下者恶而已。孟子之言性也，曰：人之性善。荀子之言性也，曰：人之性恶。杨子之言性也，人之性善恶混。夫始也善而进于恶，始也恶而进于善，始也善恶混，而今也为善恶，皆举其中而遗其上下，得其一而失其二者也。"又曰："所以为性者五：曰仁，曰礼，曰信，曰义，曰智。上者主一而行四，中者少有其一而亦少反之，其于四也混，下者反一而悖四。"其说亦以孔子性相近及上下不移之言为本，与董仲舒同。而所以规定之者，较为明晰。至其以五常为人性之要素，而为三品之性，定所含要素之分量，则并无证据，臆说而已。

情　愈以性与情有先天、后天之别，故曰："性者，与生俱生者也。情者，接物而生者也。"又以情亦有三品，随性而为上中下。曰："所以为情者七：曰喜，曰怒，曰哀，曰惧，曰爱，曰恶，曰欲。上者，七情动而处其中。中者有所甚，有所亡，虽然，求合其中者也。下者，亡且甚，直情而行者也。"如其言，则性情殆有体用之关系。故其品相因而为上下，然愈固未能明言其所由也。

结论　韩愈，文人也，非学者也。其作《原道》也，曰："尧以是传之舜，舜以是传之禹，禹以是传之汤，汤以是传之文武周公，文武周公传之孔子，孔子传之孟轲，轲之死不得其传也。"隐然以传者自任。然其立说，多敷演门面，而绝无精深之义。其功之不可没者，在尊孟子以继孔子，而标举性情道德仁义之名，揭排斥老佛之帜，使世人知是等问题，皆有特别研究之价值，而所谓经学者，非徒诵习经训之谓焉。

第八章 李翱

小传 李翱，字习之，韩愈之弟子也。贞元十四年，登进士第，历官至山南节度使，会昌中，殁于其地。

学说之大要 翱尝作《复性书》三篇，其大旨谓性善情恶，而情者性之动也。故贤者当绝情而复性。

性 翱之言性也，曰："性者，所以使人为圣人者也。寂然不动，广大清明，照感天地，遂通天地之故。行止语默，无不处其极，其动也中节。"又曰："诚者，圣人性之。"又曰："清明之性，鉴于天地，非由外来也。"其义皆本于中庸，故欧阳修尝谓始读《复性书》，以为《中庸》之义疏而已。

性情之关系 虽然，翱更进而论吾人心意中性情二者之并存及冲突。曰："人之所以为圣人者，性也。人之所以惑其性者，情也。喜怒哀惧爱恶欲，七者，皆情之为也。情昏则性迁，非性之过也。水之浑也，其流不清。火之烟也，其光不明。然则性本无恶，因情而后有恶。情者，常蔽性而使之钝其作用者也。"与《淮南子》所谓"久生而静，天之性；感而后动，性之害"相类。翱于是进而说复性之法曰："不虑不思，则情不生，情不生乃为正思。"又曰："圣人，人之先觉也。觉则明，不然则惑，惑则昏，故当觉。"则不特远取庄子外物而朝彻，实乃近袭佛教之去无明而归真如也。

情之起源　性由天禀，而情何自起哉？翱以为情者性之附属物也。曰："无性则情不生，情者，由性而生者也。情不自情，因性而为情；性不自性，因情以明性。"

至静　翱之言曰："圣人岂无情哉？情有善有不善。"又曰："不虑不思，则情不生。虽然，不可失之于静，静则必有动，动则必有静，有动静而不息，乃为情。当静之时，知心之无所思者，是斋戒其心也，知本与无思，动静皆离，寂然不动，是至静也。"彼盖以本体为性，以性之发动一方面为情，故性者，超绝相对之动静，而为至静，亦即超绝相对之善恶，而为至善。及其发动而为情，则有相对之动静，而即有相对之善恶。故人当斋戒其心，以复归于至静至善之境，是为复性。

结论　翱之说，取径于中庸，参考庄子，而归宿于佛教。既非创见，而持论亦稍暧昧。然翱承韩愈后，扫门面之谈，从诸种教义中，绅绎其根本思想，而著为一贯之论，不可谓非学说进步之一征也。

第二期结论

　　自汉至唐，于伦理学界，卓然成一家言者，寥寥可数。独尊儒术者，汉有董仲舒，唐有韩愈。吸收异说者，汉有淮南、扬雄，唐有李翱，其价值大略相等。大抵汉之学者，为先秦诸子之余波。唐之学者，为有宋理学之椎轮而已。魏晋之间，佛说输入，本有激冲思想界之势力，徒以其出世之见，与吾族之历史极不相容。而当时颖达之士，如清谈家，又徒取其消极之义，而不能为其积极一方面之助力。是以佛氏教义之入吾国也，于哲学界增一种研究之材料；于社会间增一穷而无告者之簏庐；于平民心理增一来世应报之观念；于审察仪式中窜入礼忏布施之条目。其势力虽不可消灭，而要之吾人家族及各种社会之组织，初不因是而摇动也。

第三期　宋明理学时代

第一章　总说

有宋理学之起源　魏晋以降，苦于汉儒经学之拘腐，而遁为清谈。齐梁以降，歉于清谈之简单，而缛为诗文。唐中叶以后，又靡于体格靡丽内容浅薄之诗文，又趋于质实，则不得不反而求诸经训。虽然，其时学者，既已濡染于佛老二家闳大幽渺之教义，势不能复局于诂训章句之范围，而必于儒家言中，辟一闳大幽渺之境，始有以自展，而且可以与佛老相抗。此所以竞趋于心性之理论，而理学由是盛焉。

朱陆之异同　宋之理学，创始于邵、周、张诸子，而确立于二程。二程以后，学者又各以性之所近，递相传演，而至朱、陆二子，遂截然分派。朱子偏于道问学，尚墨守古义，近于荀子。陆子偏于尊德性，尚自由思想，近于孟子。朱学平实，能使社会中各种阶级修私德，安名分，故当其及身，虽尝受攻讦，而自明以后，顿为政治家所提倡，其势力或弥漫全国。然承学者之思想，卒不敢溢于其范围之外。陆学则至明之王阳明而益光大焉。

动机论之成立　朱陆两派，虽有尊德性、道问学之差别，而其所研究之对象，则皆为动机论。董仲舒之言曰："正其义不谋其利，明其道不计其功。"张南轩之言曰："学者潜心孔孟，必求其门而入，以为莫先于明义利之辨，盖圣贤，无所为而然也。有所为而然者，皆人欲之私，而非天理之所存，此义利之分也。自未知省察者言之，终日之间，鲜不为利矣，非特名位货殖而后为利也。意之所向，一涉于有所为，虽有浅深之不同，而其为徇己自私，则一而已矣。"此皆极端之动机论，而朱、陆两派所公认者也。

功利论之别出　孔孟之言，本折中于动机、功利之间，而极端动机论之流弊，势不免于自杀其竞争生存之力。故儒者或激于时局之颠危，则亦恒溢出而为功利论。吕东莱、陈龙川、叶水心之属，愤宋之积弱，则叹理学之繁琐，而昌言经制。颜习斋痛明之俄亡，则并诋朱、陆两派之空疏，而与其徒李恕谷、王昆绳辈研究礼乐兵农，是皆儒家之功利论也。唯其人皆亟于应用，而略于学理，故是编未及详叙焉。

儒教之凝成　自汉武帝以后，儒教虽具有国教之仪式及性质，而与社会心理尚无致密之关系（观晋以后，普通人佞佛求仙之风，如是其盛，苟其先已有普及之儒教，则其时人心之对于佛教，必将如今人之对于基督教矣）。其普通人之行习，所以能不大违于儒教者，历史之遗传，法令之约束为之耳。及宋而理学之儒辈出，讲学授徒，几遍中国。其人率本其所服膺之动机论，而演绎之于日用常行之私德，又卒能克苦躬行，以为规范，得社会之信用。其后，政府又专以经义贡士，而尤注意于朱注之《大学》、《中庸》、《论语》、《孟子》四书。于是稍稍聪颖之士，皆自幼寝馈于是。达而在上，则益增其说于法令之中；穷而在下，则长书院，设私塾，掌学校教育之权。或为文士，编述小说剧本，行社会教育之事。遂使十室之邑，三家之村，其子弟苟有从师读书者，则无不以四书为读本。而其间一知半解互相传述之语，虽不识字者，亦皆耳熟而详之。虽间有苛细拘苦之事，非普通人所能耐，然清议既成，则非至顽悍者，不敢显与之悖，或阴违之而阳从之，或不能以之律己，而亦能以之绳人，盖自是始确立为普及之宗教焉。斯则宋明理学之功也。

思想之限制　宋儒理学，虽无不旁采佛老，而终能立凝成儒教之功者，以其真能以信从教主之仪式对于孔子也。彼等于孔门诸子，以至孟子，皆不能无微词，而于孔子之言，则不特不敢稍违，而亦不敢稍加以拟议，如有子所谓夫子有为而言之者。又其所是非，则一以孔子之言为准。故其互相排斥也，初未尝持名学之例以相绳，曰：如是则不可通也，如是则自相矛盾也。唯以宗教之律相绳，曰：如是则与孔子之说相背也，如是则近禅也。其笃信也如此，故其思想皆有制限。其理论界，则以性善、性恶之界而止。至于善恶之界说若标准，则皆若无庸置喙，故往往以无善无恶与善为同一，而初不自觉其抵牾。其于实践方面，则以为家族及各种社会之组织，自昔已然，唯其间互相交际之道，如何而能无背于孔子。是为研究之对象，初未尝有稍萌改革之思想者也。

第二章　王荆公

　　宋代学者，以邵康节为首，同时有司马温公及王荆公，皆以政治家著，又以特别之学风，立于思想系统之外者也。温公仿扬雄之《太玄》作《潜虚》，以数理解释宇宙，无关于伦理学，故略之。荆公之性论，则持平之见，足为前代诸性论之结局。特叙于下：

　　小传　王荆公，名安石，字介甫，荆公者，其封号也。临川人。神宗时被擢为参知政事，厉行新法。当时正人多反对之者，遂起党狱，为世诟病。元丰元年，以左仆射观文殿大学士卒，年六十八。其所著有新经义学说及诗文集等。今节叙其性论及礼论之大要于下：

　　性情之均一　自来学者，多判性情为二事，而于情之所自出，恒苦无说以处之。荆公曰："性情一也。世之论者曰性善情恶，是徒识性情之名，而不知性情之实者也。喜怒哀乐好恶欲，未发于外而存于心者，性也；发于外而见于行者，情也。性者情之本，情者性之用，故吾曰性情一也。"彼盖以性情者，不过本体方面与动作方面之别称，而并非二事。性纯则情亦纯，情固未可灭也。何则？无情则直无动作，非吾人生存之状态也。故曰："君子之所以为君子者，无非情也。小人之所以为小人者，无非情也。"

　　善恶　性情皆纯，则何以有君子小人及善恶之别乎？无他，善恶之名，非可以加之性情，待性情发动之效果，见于行为，评量其合理与否，而后得加以善恶之名焉。故曰："喜怒哀乐爱恶欲，七者，人生而有之，接于物而后动。动而当理者，圣也，贤也；不当于理者，小人也。"彼徒见情发于外，为外物所累，而遂入于恶也。因曰："情恶也，害性者情也。是曾不察情之发于外，为外物所感，而亦尝入于善乎？"如其说，则性情非可以善恶论，而善恶之标准，则在理。其所谓理，在应时处位之关系，而无不适当云尔。

情非恶之证明　彼又引圣人之事，以证情之非恶。曰："舜之圣也，象喜亦喜，使可喜而不喜，岂足以为舜哉？文王之圣也，王赫斯怒，使可怒而不怒，岂足以为文王哉？举二者以明之，其余可知。使无情，虽曰性善，何以自明哉？诚如今论者之说，以无情为善，是木石也。性情者，犹弓矢之相待而为用，若夫善恶，则犹之中与不中也。"

礼论　荀子道性恶，故以礼为矫性之具。荆公言性情无善恶，而其发于行为也，可以善，可以恶，故以礼为导人于善之具。其言曰："夫木斫之而为器，马服之而为驾，非生而能然也，劫之于外而服之以力者也。然圣人不舍木而为器，不舍马而为驾，固因其天资之材也。今人生而有严父爱母之心，圣人因人之欲而为之制；故其制，虽有以强人，而乃顺其性之所欲也。圣人苟不为之礼，则天下盖有慢父而疾母者，是亦可谓无失其性者也。夫狙猿之形，非不若人也，绳之以尊卑，而节之以揖让，彼将趋深山大麓而走耳。虽畏之以威而驯之以化，其可服也，乃以为天性无是而化于伪也。然则狙猿亦可为礼耶？"故曰："礼者，始于天而成于人，天无是而人欲为之，吾盖未之见也。"

结论　荆公以政治文章著，非纯粹之思想家，然其言性情非可以善恶名，而别求善恶之标准于外，实为汉唐诸儒所未见及，可为有卓识者矣。

第三章　邵康节

小传　邵康节，名雍，字尧夫，河南人。尝师北海李之才，受河图先天象数之学，妙契神悟，自得者多。屡被举，不之官。熙宁十年卒，年六十七。元祐中，赐谥康节。著有《观物篇》、《渔樵问答》、《伊川击壤集》、《先天图》、《皇极经世书》等。

宇宙论　康节之宇宙论，仿《易》及《太玄》，以数为基本，循世界时间之阅历，而论其循环之法则，以及于万物之化生。其有关伦理学说者，论人类发生之源者是也。其略如下：

动静二力　动静二力者，发生宇宙现象，而且有以调摄之者也。动者为阴阳，静者为刚柔。阴阳为天，刚柔为地。天有寒暑昼夜，感于事物之性情状态。地有雨风露雪，应于事物之走飞草木。性情形体，与走飞草木相合，而为动植之感应，万物由是生焉。性情形态之走飞草木，应于声色气味；走飞草木之性情形态，应于耳目口鼻。物者有色声气味而已，人者有耳目口鼻，故人者，总摄万物而得其灵者也。

物人凡圣之别　康节言万物化成之理如是，于是进而论人、物之别，及凡人与圣人之别。曰："人所以为万物之灵者，耳目口鼻，能收万物之声色气味。声色气味，万物之体也。耳目鼻口，万人之用也。体无定用，惟变是用。用无定体，惟化是体，用之交也。人物之道，于是备矣。然人亦物也，圣亦人也。有一物之物，有十物之物，有百物之物，有千物、万物、亿物、兆物之物，生一物之物而当兆物之物者，非人耶？有一人之人，有十人之人，有百人之人，有千人、万人、亿人、兆人之人，生一人之人而当兆人之人者，非圣耶？是以知人者物之至，圣人者，人之至也。人之至者，谓其能以一心观万心，以一身观万身，以一世观万世，能以心代天意，口代天言，手代天工，身代天事。是以能上识天时，下尽地理，中尽物情而通照人事，能弥纶天地，出入造化，进退古今，表里人物者也。"如其说，则圣人者，包含万有，无物我之别，解脱差别界之观念，而入于万物一体之平等界者也。

学　然则人何由而能为圣人乎？曰：学。康节之言学也，曰："学不际天人，不可以谓之学。"又曰："学不至于乐，不可以谓之学。"彼以学之极致，在四经，《易》、《书》、《诗》、《春秋》是也。曰："昊天之尽物，圣人之尽民，皆有四府。昊天之四府，春、夏、秋、冬之谓也，升降于阴阳之间。圣人之四府，《易》、《书》、《诗》、《春秋》之谓也，升降于礼乐之间。意言象数者，《易》之理。仁义礼智者，《书》之言。性情形体者，《诗》之根。圣贤才术者，《春秋》之事。谓之心，谓之用。《易》由皇帝王伯，《书》应虞夏殷周，《诗》关文武周公，《春秋》系秦晋齐楚。谓之体，谓之迹。心迹体用四者相合，而得为圣人。其中同中有异，异中有同，异同相乘，而得万世之法则。"

慎独　康节之意，非徒以讲习为学也。故曰："君子之学，以润身为本，其治人应物，皆余事也。"又曰："凡人之善恶，形于言，发于行，人始得而知之。但萌诸心，发诸虑，鬼神得而知之。是君子所以慎独也。"又曰："人之神，即天地之神，人之自欺，即所以欺天地，可不慎与？"又言慎独之效曰："能从天理而动者，造化在我，其对于他物也，我不被物而能物物。"又曰："任我者情，情则蔽，蔽则昏。因物者性，性则神，神则明。潜天潜地，行而无不至，而不为阴阳所摄者，神也。"

神　彼所谓神者何耶？即复归于性之状态也。故曰："神无方而性则质也。"又曰："神无所不在，至人与他心通者，其本一也。道与一，神之强名也。"以神为神者，至言也。然则彼所谓神，即老子之所谓道也。

性情   康节以复性为主义，故以情为性之反动者。曰："月者日之影，情者性之影也。心为性而胆为情，性为神而情为鬼也。"

结论   康节之宇宙论，以一人为小宇宙，本于汉儒。一切以象数说之，虽不免有拘墟之失，而其言由物而人，由人而圣人，颇合于进化之理。其以神为无差别界之代表，而以慎独而复性，为由差别界而达无差别之作用。则其语虽一本儒家，而其意旨则皆庄佛之心传也。

第四章　周濂溪

小传　周濂溪，名敦颐，字茂叔，道州营道人。景祐三年，始官洪州分宁县主簿，历官至知南康郡，因家于庐山莲花峰下，以营道故居濂溪名之。熙宁六年卒，年五十七。黄庭坚评其人品，如光风霁月。晚年，闲居乐道，不除窗前之草，曰：与自家生意一般。二程师事之，濂溪常使寻孔颜之乐何在。所著有《太极图》、《太极图说》、《通书》等。

太极论　濂溪之言伦理也，本于性论，而实与其宇宙论合，故述濂溪之学，自太极论始。其言曰："无极而太极，太极动而生阳，动极而静，静而生阴，静极复动，一动一静，互为其根，分阴分阳，两仪立焉。五行一阴阳也，阴阳一太极也，太极本无极也。五行之生也，各一其性。无极之真，二五之精，妙合而凝，乾道成男，坤道成女。二气交感，化合万物，万物生之而变化无穷。人得其秀而最灵，生而发神知，五性感动，而善恶分。圣人定之以中正仁义，主静而立其极。'圣人与天地合其德，与日月合其明，与四时合其序，与鬼神合其吉凶。'君子修之吉，小人悖之凶。故曰：立天之道，曰阴与阳，立地之道，曰柔与刚，立人之道，曰仁与义。"又曰："原始要终，故知死生之说，大哉，易其至矣乎。"其大旨以人类之起源，不外乎太极，而圣人则以人而合德于太极者也。

性与诚　濂溪以性为诚，本于中庸。唯其所谓诚，专自静止一方面考察之。故曰："诚者，圣人之本。'大哉乾元，万物资始'，诚之原也。'乾道变化，各正性命'，诚既立矣，纯粹至善。故曰：一阴一阳之谓道，继之者善也，成之者性也。元亨者诚之通，利贞者诚之复，大哉易！其性命之源乎？"又曰："诚者，五常之本，百行之原也，静无而动有，至正而明达者也。五常百行，非诚则为邪暗塞。故诚则无事，至易而行难。"由是观之，性之本质为诚，超越善恶，与太极同体者也。

善恶　然则善恶何由起耶？曰：起于几。故曰："诚无为，几善恶，爱曰仁，宜曰义，理曰礼，通曰智，守曰信。性而安之之谓圣，执之之谓贤，发微而不可见，充周而不可穷之谓神。"

几与神　濂溪以行为最初极微之动机为几，而以诚、几之间自然中节之作用为神。故曰："寂然不动者诚也，感而遂动者神也，动而未形于有无之间者几也。诚精故明，神应故妙，几微故幽，诚神几谓之圣人。"

仁义中正　唯圣故神，苟非圣人，则不可不注意于动机，而一以圣人之道为准。故曰："动而正曰道，用而和曰德，匪仁匪义匪礼匪智匪信，悉邪也。邪者动之辱也，故君子慎动。"又曰："圣人之道，仁义中正而已。守之则贵，行之则利。廓之而配乎天地，岂不易简哉？岂为难知哉？不守不行不廓而已。"

修为之法　吾人所以慎动而循仁义中正之道者，当如何耶？濂溪立积极之法，曰思，曰洪范。曰："思曰睿，睿作圣，几动于此，而诚动于彼，思而无不通者，圣人也。非思不能通微，非睿不能无不通。故思者，圣功之本，吉凶之几也。"又立消极之法，曰无欲。曰："无欲则静虚而动直，静灵则明，明则通。动直则公，公则溥。明通公溥，庶矣哉！"

结论　濂溪由宇宙论而演绎以为伦理说，与康节同。唯康节说之以数，而濂溪则说之以理。说以数者，非动其基础，不能加以补正。说以理者，得截其一、二部分而更变之。是以康节之学，后人以象数派外视之；而濂溪之学，遂孳生思想界种种问题也。濂溪之伦理说，大端本诸中庸，以几为善恶所由分，是其创见。而以人物之别，为在得气之精粗，则后儒所祖述者也。

第五章　张横渠

小传　张横渠名载，字子厚。世居大梁，父卒于官，因家于凤翔郡县之横渠镇。少喜谈兵，范仲淹授以《中庸》，乃翻然志道，求诸释老，无所得，乃反求诸六经。及见二程，语道学之要，乃悉弃异学。嘉祐中，举进士，官至知太常礼院。熙宁十年卒，年五十八。所著有《正蒙》、《经学理窟》、《易说》、《语录》、《西铭》、《东铭》等。

太虚　横渠尝求道于佛老，而于老子由无生有之说，佛氏以山河大地为见病之说，俱不之信。以为宇宙之本体为太虚，无始无终者也。其所含最凝散之二动力，是为阴阳，由阴阳而发生种种现象。现象虽无一雷同，而其发生之源则一。故曰：“两不立则一不可见，一不可见则两之用息，虚实也，动静也，聚散也，清浊也，其容一也。”又曰：“造化之所成，无一物相肖者。”横渠由是而立理一分殊之观念。

理一分殊　横渠既于宇宙论立理一分殊之观念，则应用之于伦理学。其《西铭》之言曰：“乾称父，坤称母，予兹藐焉；乃浑然中处，天地之塞吾其体，天地之帅吾其性，民吾同胞，物吾与也。大君者，我之宗子，大臣者，宗子之家相。尊高年，所以长其长。慈孤弱，所以幼其幼。圣其合德，贤其秀也。凡天下之病癃残疾悍独鳏寡，皆吾兄弟之颠连而无告者也。”

天地之性与气质之性 天地之塞吾其体，亦即万人之体也。天地之帅吾其性，亦即万人之性也。然而人类有贤愚善恶之别，何故？横渠于是分性为二，谓为天地之性与气质之性，曰："形而后有性质之性，能反之，则天地之性存，故气质之性，君子不性焉。"其意谓天地之性，万人所同，如太虚然，理一也。气质之性，则起于成形以后，如太虚之有气，气有阴阳，有清浊。故气质之性，有贤愚善恶之不同，所谓分殊也。虽然，阴阳者，虽若相反而实相成，故太虚演为阴阳，而阴阳得复归于太虚。至于气之清浊，人之贤愚善恶，则相反矣。比而论之，颇不合于论理。

心性之别 从前学者，多并心性为一谈，横渠则别而言之。曰："物与知觉合，有心之名。"又曰："心者统性情者也。"盖以心为吾人精神界全体之统名，而性则自心之本体言之也。

虚心 横渠以心为统性与知，而以知附属于气质之性，故其修为之的，不在屑屑求知，而在反于天地之性，是谓合心于太虚。故曰："太虚者，心之实也。"又曰："不可以闻见为心，若以闻见为心，天下之物，不可一一闻见，是小其心也，但当合心于太虚而已。心虚则公平，公平则是非较然可见，当为不当为之事，自可知也。"

变化气质 横渠既以合心于太虚为修为之极功，而又以人心不能合于太虚之故，实为气质之性所累，故立变化气质之说。曰："气质恶者，学即能移，今之人多使气。"又曰："学至成性，则气无由胜。"又曰："为学之大益，在自能变化气质。不尔，则卒无所发明，不得见圣人之奥，故学者先当变化气质。"变化气质，与虚心相表里。

礼 横渠持理一分殊之理论，故重秩序。又于天地之性以外，别揭气质之性，已兼取荀子之性恶论，故重礼。其言曰："生有先后，所以为天序。小大高下相形，是为天秩。天之生物也有序，物之成形也有秩。知序然故经正，知秩然故礼行。"彼既持此理论，而又能行以提倡之，治家接物，大要正己以感人。其教门下，先就其易，主日常动作，必合于礼。程明道尝评之曰："横渠教人以礼，固激于时势，虽然，只管正容谨节，宛然如吃木札，使人久而生嫌厌之情。"此足以观其守礼之笃矣。

结论　横渠之宇宙论，可谓持之有理。而其由阴阳而演为清浊，又由清浊而演为贤愚善恶，遂不免违于论理。其言理一分殊，言天地之性与气质之性，皆为创见。然其致力之处，偏重分殊，遂不免横据阶级之见。至谓学者舍礼义而无所猷为，与下民一致，又偏重气质之性。至谓天质善者，不足为功，勤于矫恶矫情，方为功，皆与其"民吾同胞"及"人皆有天地之性"之说不能无矛盾也。

第六章　程明道

小传　程明道名颢，字伯淳，河南人。十五岁，偕其弟伊川就学于周濂溪，由是慨然弃科举之业，有求道之志。逾冠，被调为鄠县主簿。晚年，监汝州酒税。以元丰八年卒，年五十四。其为人克实有道，和粹之气，盎于面背，门人交友，从之数十年，未尝见其忿厉之容。方王荆公执政时，明道方官监察御史里行，与议事，荆公厉色待之。明道徐曰："天下事非一家之私议，愿平气以听。"荆公亦为之愧屈。于其卒也，文彦博采众议表其墓曰：明道先生。其学说见于门弟子所辑之语录。

性善论之原理　邵、周、张诸子，皆致力于宇宙论与伦理说之关系，至程子而始专致力于伦理学说。其言性也，本孟子之性善说，而引易象之文以为原理。曰："生生之谓易，是天之所以为道也。"天只是以生为道，继此生理者只是善，便有一元的意思。元者善之长，万物皆有春意，便是。继之者善也，成之者性也，成却待万物自成其性须得。又曰："一阴一阳之谓道。"自然之道也，有道则有用。元者善之长也，成之者，却只是性，各正性命也。故曰："仁者见之谓之仁，智者见之谓之智。"又曰："生之谓性。"人生而静以上，不能说示，说之为性时，便已不是性。凡说人性，只是继之者善也。孟子云，人之性善是也。夫所谓继之者善，犹水之流而就下也。又曰："生之谓性，性即气，气即性，生之谓也。"其措语虽多不甚明了，然推其大意，则谓性之本体，殆本无善恶之可言。至即其动作之方面而言之，则不外乎生生，即人无不欲自生，而亦未尝有必不欲他人之生者，本无所谓不善，而与天地生之道相合，故谓继之者善也。

善恶　生之谓性，本无所谓不善，而世固有所谓恶者何故？明道曰，天下之善恶，皆天理，谓之恶者，本非恶，但或过或不及，便如此，如杨墨之类。其意谓善恶之所由名，仅指行为时之或过或不及而言，与王荆公之说相同。又曰："人生气禀以上，于理不能无善恶，虽然，性中元非两物相对而生。"又以水之清浊喻之曰："皆水也，有流至海而不浊者，有流未远而浊多者、或少者。清浊虽不同，而不能以浊者为非水。如此，则人不可不加以澄治之功。故用力敏勇者疾清，用力缓急者迟清。及其清，则只是原初之水也，非将清者来换却浊者，亦非将浊者取出，置之一隅。水之清如性之善。是故善恶者，非在性中两物相对而各自出来也。"此其措语，虽亦不甚明了，其所谓气禀，几与横渠所谓气质之性相类，然唯其本意，则仍以善恶为发而中节与不中节之形容词。盖人类虽同禀生生之气，而既具各别之形体，又处于各别之时地，则自爱其生之心，不免太过，而爱人之生之心，恒不免不及，如水流因所经之地而不免渐浊，是不能不谓之恶，而要不得谓人性中具有实体之恶也。故曰："性中元非有善恶两物相对而出也。"

仁　生生为善，即我之生与人之生无所歧视也。是即《论语》之所谓仁，所谓忠恕。故明道曰："学者先须识仁。仁者，浑然与物同体，义礼智信，皆仁也。"又曰："医家以手足痿痹为不仁，此言最善名状。仁者，以天地万物为一体，无非己也。手足不仁时，身体之气不贯，故博施济众，为圣人之功用，仁至难言。"又曰："若夫至仁，天地为一身，而天地之间，品物万形，为四肢百体，夫人岂有视四肢百体而不爱者哉？圣人仁之至也，独能体斯心而已。"

敬　然则体仁之道，将如何？曰敬。明道之所谓敬，非检束其身之谓，而涵养其心之谓也。故曰："只闻人说善言者，为敬其心也。故视而不见，听而不闻，主于一也。主于内，则外不失敬，便心虚故也。必有事焉不忘，不要施之重，便不好，敬其心，乃至不接视听，此学者之事也。始学岂可不自此去，至圣人则自从心所欲，不逾矩。"又曰："敬即便是礼，无己可克。"又曰："主一无适，敬以直内，便有浩然之气。"

忘内外　明道循当时学者措语之习惯，虽然常言人欲，言私心私意，而其本意则不过以恶为发而不中节之形容词，故其所注意者皆积极而非消极。尝曰："所谓定者，动亦定，静亦定，无将迎，无内外。苟以外物为外，牵己而从之，是以己之性为有内外也。且以己之性为随物于外，则当其在外时，何者为在中耶？有意于绝外诱者，不知性无内外也。"又曰："夫天地之常，以其心普万物而无心，圣人之常，以其情顺万事而无情。故君子之学，莫若廓然而大公，物来而顺应。苟规规于外诱之除，将见灭于东而生于西，非惟日之不足，顾其端无穷，不可得而除也。"又曰："与其非外而是内，不若内外之两忘，两忘则澄然无事矣。无事则定，定则明，明则尚何应物之为累哉？圣人之喜，以物之当喜；圣人之怒，以物之当怒。是圣人之喜怒，不系于心而系于物也，是则圣人岂不应于物哉？乌得以从外者为非，而更求在内者为是也。"

诚　明道既不以力除外诱为然，而所以涵养其心者，亦不以防检为事。尝述孟子勿助长之义，而以反身而诚互证之。曰："学者须先识仁。仁者，浑然与物同体，识得此理，以诚敬存之而已，不须防检，不须穷索。若心懈则有防，心苟不懈，何防之有？理有未得，故须穷索；存久自明，安待穷索？此道与物无对，大不足以明之。天地之用皆我之用。孟子言万物皆备于我，须反身而诚，乃为大乐。若反身未诚，则犹是二物有对，以己合彼，终未有之，又安得乐？必有事焉而勿正，心勿忘，勿助长，未尝致纤毫之力，此其存之之道。若存得便含有得，盖良知良能元不丧失，以昔日习心未除，故须存习此心，久则可夺旧习。"又曰："性与天道，非自得者不知，有安排布置者，皆非自得。"

结论　明道学说，其精义，始终一贯，自成系统，其大端本于孟子，而以其所心得补正而发挥之。其言善恶也，取中节不中节之义，与王荆公同。其言仁也，谓合于自然生生之理，而融自爱他爱为一义。其言修为也，唯主涵养心性，而不取防检穷索之法。可谓有乐道之趣，而无拘墟之见者矣。

第七章　程伊川

小传　程伊川，名颐，字正叔，明道之弟也。少明道一岁。年十七，尝伏阙上书，其后屡被举，不就。哲宗时，擢为崇政殿说书，以严正见惮，见劾而罢。徽宗时，被邪说诐行惑乱众听之谤，下河南府推究。逐学徒，隶党籍。大观元年卒，年七十五。其学说见于《易传》及语录。

伊川与明道之异同　伊川与明道，虽为兄弟，而明道温厚，伊川严正，其性质皎然不同，故其所持之主义，遂不能一致。虽其间互通之学说甚多，而揭其特具之见较之，则显为二派。如明道以性即气，而伊川则以性即理，又特严理气之辨。明道主忘内外，而伊川特重寡欲。明道重自得，而伊川尚穷理。盖明道者，粹然孟子学派；伊川者，虽亦依违孟学，而实荀子之学派也。其后由明道而递演之，则为象山、阳明；由伊川而递演之，则为晦庵。所谓学焉而各得其性之所近者也。

理气与性才之关系　伊川亦主孟子性中有善之说，而归其恶之源于才。故曰："性出于天，才出于气，气清则才清，气浊则才浊。才则有不善，性则无不善。"又曰："性无不善，而有不善者，才也。性即是理，理则自尧舜至于途人，一也。才禀于气，气有清浊。禀其清者为贤，禀其浊者为愚。"其大意与横渠言天地之性、气质之性相类，唯名号不同耳。

心　伊川以心与性为一致。故曰："在天为命，在义为理，在人为性，主于身为心。"其言性也，曰："性即理，所谓理性是也。天下之理，原无不善。喜怒哀乐之未发，何尝不善？发而中节，往往无不善；发而不中节，然后为不善。"是以性为喜怒哀乐未发之境也。其言心也，曰："冲漠无朕，万象森然已具，未应不是先，已应不是后，如百尺之木，自根本至枝叶，每一不贯。"或问以赤子之心为已发，是否？曰："已发而去道未远。"曰："大人不失赤子之心若何？"曰："取其纯一而近道。"曰："赤子之心，与圣人之心若何？"曰："圣人之心，如明镜止水。"是亦以喜怒哀乐未发之境为心之本体也。

养气寡欲　伊川以心性本无所谓不善，乃喜怒哀乐之发而不中节，始有不善。其所以发而不中节之故，则由其气禀之浊而多欲。故曰："孟子所以养气者，养之至则清明纯全，昏塞之患去。"或曰养心，或云养气，何耶？曰："养心者无害而已，养气者在有帅。"又言养气之道在寡欲，曰："致知在所养，养知莫过寡欲二字。"其所言养气，已与《孟子》同名而异实，及依违《大学》，则又易之以养知，是皆迁就古书文辞之故。至其本意，则不过谓寡欲则可以易气之浊者而为清，而渐达于明镜止水之境也。

敬与义　明道以敬为修为之法，伊川同之，而又本《易传》敬以直内、义以方外之语，于敬之外，尤注重集义。曰："敬只是持己之道，义便知有是有非。从理而行，是义也。若只守一个敬，而不知集义，却是都无事。且如欲为孝，不成只守一个孝字而已，须是知所以为孝之道，当如何奉侍，当如何温清，然后能尽孝道。"

穷理　伊川所言集义，即谓实践伦理之经验，而假孟子之言以名之。其自为说者，名之曰穷理。而又条举三法：一曰读书，讲明义理；二曰论古今之物，分其是非；三曰应事物而处其当。又分智为二种，而排斥闻见之智，曰："闻见之智，非德性之智，物交物而知之，非内也，今之所谓博物多能者是也。德性之智，不借闻见。"其意盖以读书论古应事而资以清明德性者，为德性之智。其专门之考古学历史经济家，则斥为闻见之智也。

知与行　伊川又言须是识在行之先。譬如行路，须得先照。又谓勉强合道而行动者，决不能永续。人性本善，循理而行，顺也。是故烛理明则自然乐于循理而行动，是为知行合一说之权舆。

结论　伊川学说，盖注重于实践一方面。故于命理心性之属，仅以异名同实之义应付之。而于恶之所由来，曰才，曰气，曰欲，亦不复详为之分析。至于修为之法，则较前人为详，而为朱学所自出也。

第八章　程门大弟子

程门弟子　历事二程者为多，而各得其性之所近。其间特性最著、而特有影响于后学者，为谢上蔡、杨龟山二人。上蔡毗于尊德性，绍明道而启象山。龟山毗于道问学，述伊川而递传以至考亭者也。

上蔡小传　谢上蔡，名良佐，字显道，寿州上蔡人。初务记问，夸该博。及事明道，明道曰："贤所记何多，抑可谓玩物丧志耶？"上蔡赧然。明道曰："是即恻隐之心也。"因劝以无徒学言语，而静坐修炼。上蔡以元丰元年登进士第，其后历官州郡。徽宗时，坐口语，废为庶民。著《论语说》，其语录三篇，则朱晦庵所辑也。

其学说　上蔡以仁为心之本体，曰："心者何，仁而已。"又曰："人心著，与天地一般，只为私意自小。任理因物而己无与焉者，天而已。"于是言致力之德，曰穷理，曰持敬。其言穷理也，曰："物物皆有理，穷理则知天之所为，知天之所为，则与天为一，穷理之至，自然不勉而中，不思而得，从容中道。"词理必物物而穷之与？曰："必穷其大者，理一而已，一处理穷，则触处皆是。恕其穷理之本与？"其言致敬也，曰："近道莫若静，斋戒以神明其德，天下之至静也。"又曰："敬者是常惺惺而法心斋。"

龟山小传　杨龟山，名时，字中立，南剑将乐人。熙宁元年，举进士，后历官州郡及侍讲。绍兴五年卒，年八十三。龟山初事明道，明道殁，事伊川，二程皆甚重之。尝读横渠《西铭》，而疑其近于兼爱，及闻伊川理一分殊之辨而豁然。其学说见于《龟山集》及其语录。

其学说　龟山言人生之准的在圣人，而其致力也，在致知格物。曰："学者以致知格物为先，知未至，虽欲择言而固执之，未必当于道也。鼎镬陷阱之不可蹈，人皆知之，而世人亦无敢蹈之者，知之审也。致身下流，天下之恶皆归之，与鼎镬陷阱何异？而或蹈之而不避者，未真知之也。若真知为不善，如蹈鼎镬陷阱，则谁为不善耶？"是其说近于经验论。然彼所谓经验者，乃在研求六经。故曰："六经者，圣人之微言，道之所存也。道之深奥，虽不可以言传，而欲求圣贤之所以为圣贤者，舍六经于何求之？学者当精思之，力行之，默会于意言之表，则庶几矣。"

结论　上蔡之言穷理，龟山之言格致，其意略同。而上蔡以恕为穷理之本，龟山以研究六经为格致之主，是显有主观、客观之别，是即二程之异点，而亦朱、陆学派之所由差别也。

第九章 朱晦庵

小传 龟山一传而为罗豫章，再传而为李延平，三传而为朱晦庵。伊川之学派，于是大成焉。晦庵名熹，字元晦，一字仲晦，晦庵其自号也。其先徽州婺源人，父松，为尤溪尉，寓溪南，生熹。晚迁建阳之考亭。年十八，登进士，其后历主簿提举及提点刑狱等官，及历奉外祠。虽屡以伪学被劾，而进习不辍。庆元六年卒，年七十一。高宗谥之曰文。理宗之世，追封信国公。门人黄幹状其行曰："其色庄，其言厉，其行舒而恭，其坐端而直。其闲居也，未明而起，深衣幅巾方履，拜家庙以及先圣。退而坐书室，案必正，书籍器用必整。其饮食也，羹食行列有定位，匙箸举措有定所。倦而休也，瞑目端坐。休而起也，整步徐行。中夜而寝，寤则拥衾而坐，或至达旦。威仪容止之则，自少至老，祁寒盛暑，造次颠沛，未尝须臾离也。"著书甚多，如大学、中庸章句或问，《论语集注》，《孟子集注》，《易本义》，《诗集传》，《太极图解》，《通书解》，《正蒙解》，《近思录》，及其文集、语录，皆有关于伦理学说者也。

理气 晦庵本伊川理气之辨，而以理当濂溪之太极，故曰：由其横于万物之深底而见时，曰太极。由其与气相对而见时，曰理。又以形上、形下为理气之别，而谓其不可以时之前后论。曰："理者，形而上之道，所以生万物之原理也。气者，形而下之器，率理而铸型之质料也。"又曰：

"理非别为一物而存，存于气之中而已。"又曰："有此理便有此气。"但理是本，于是又取横渠理一分殊之义，以为理一而气殊。曰万物统一于太极，而物物各具一太极。曰："物物虽各有理，而总只是一理。"曰：理虽无差别，而气有种种之别，有清爽者，有昏浊者，难以一一枚举。曰：此即万物之所以差别，然一一无不有太极，其状即如宝珠之在水中。在圣贤之中，如在清水中，其精光自然发现。其在至愚不肖之中，如在浊水中，非澄去泥沙，其光不可见也。

性 由理气之辨，而演绎之以言性，于是取横渠之说，而立本然之性与气质之性之别。本然之性，纯理也，无差别者也。气质之性，则因所禀之气之清浊，而不能无偏。乃又本汉儒五行五德相配之说，以证明之。曰："得木气重者，恻隐之心常多，而羞恶辞让是非之心，为之塞而不得发。得金气重者，羞恶之心常多，而恻隐辞让是非之心，为之塞而不得发。火、水亦然。故气质之性完全者，与阴阳合德，五性全备而中正，圣人是也。"然彼又以本然之性与气质之性密接，故曰："气质之心，虽是形体，然无形质，则本然之性无所以安置自己之地位，如一勺之水，非有物盛之，则水无所归著。"是以论气质之性，势不得不杂理与气言之。

心情欲 伊川曰："在人为性，主于身为心。"晦庵亦取其义，而又取横渠之义以心为性情之统名，故曰："心，统性情者也。由心之方面见之，心者，寂然不动。由情之方面见之，感而遂动。"又曰："心之未动时，性也。心之已动时，情也。欲是由情发来者，而欲有善恶。"又曰："心如水，性犹水之静，情则水之流，欲则水之波澜，但波澜有好底，有不好底。如我欲仁，是欲之好底。欲之不好底，则一向奔驰出去，若波涛翻浪。如是，则情为性之附属物，而欲则又为情之附属物。"故彼以恻隐等四端为性，以喜怒等七者为情，而谓七情由四端发，如哀惧发自恻隐，怒恶发自羞恶之类，然又谓不可分七情以配四端，七情自贯通四端云。

人心道心 既以心为性情之统名，则心之有理气两方面，与性同。于是引以说古书之道心人心，以发于理者为道心，而发于气者为人心。故曰："道心是义理上发出来的，人心是人身上发出来的。虽圣人不能无人心，如饥食渴饮之类。虽小人不能无道心，如恻隐之心是。"又谓圣人之教，在以道心为一身之主宰，使人心屈从其命令。如人心者，决不得灭却，亦不可灭却者也。

穷理　晦庵言修为之法，第一在穷理，穷理即大学所谓格物致知也。故曰："格物十事，格得其九通透，即一事未通透，不妨。一事只格得九分，一分不通透，最不可，须穷到十分处。"至其言穷理之法，则全在读书。于是言读书之法曰："读书之法，在循序而渐进。熟读而精思。字求其训，句索其旨。未得于前，则不敢求其后，未通乎此，则不敢志乎彼。先须熟读，使其言皆若出于吾之口，继以精思，使其意皆若出于吾心。"

养心　至其言养心之法，曰，存夜气。本于孟子。谓夜气静时，即良心有光明之时，若当吾思念义理观察人伦之时，则夜气自然增长，良心愈放其光明来，于是辅之以静坐。静坐之说，本于李延平。延平言道理须是日中理会，夜里却去静坐思量，方始有得。其说本与存夜气相表里，故晦庵取之，而又为之界说曰："静坐非如坐禅入定，断绝思虑，只收敛此心，使毋走于烦思虑而已。此心湛然无事，自然专心，及其有事，随事应事，事已时复湛然。"由是又本程氏主一为敬之义而言专心，曰："心有所用，则心有所主，只看如今。才读书，则心便主于读书；才写字，则心便主于写字。若是悠悠荡荡，未有不入于邪僻者。"

结论　宋之有晦庵，犹周之有孔子，皆吾族道德之集成者出。孔子以前，道德之理想，表著于言行而已。至孔子而始演述为学说。孔子以后，道德之学说，虽亦号折中孔子，而尚在乍离乍合之间。至晦庵而始以其所见之孔教，整齐而厘订之，使有一定之范围。盖孔子之道，在董仲舒时代，不过具有宗教之形式。而至朱晦庵时代，始确立宗教之威权也。晦庵学术，近以横渠、伊川为本，而附益之以濂溪、明道。远以荀卿为本，而用语则多取孟子。于是用以训释孔子之言，而成立有宋以后之孔教。彼于孔子以前之说，务以诂训沟通之，使无与孔教有所龃龉；于孔子以后之学说若人物，则一以孔教进退之。彼其研究之勤，著述之富，徒党之众，既为自昔儒者所不及，而其为说也，矫恶过于乐善，方外过于直内，独断过于怀疑，拘名义过于得实理，尊秩序过于求均衡，尚保守过于求革新，现在之和平过于未来之希望。此为古昔北方思想之嫡嗣，与吾族大多数之习惯性相投合，而尤便于有权势者之所利用，此其所以得凭借科举之势力而盛行于明以后也。

第十章　陆象山

　　儒家之言，至朱晦庵而凝成为宗教，既具论于前章矣。顾世界之事，常不能有独而无对。故当朱学成立之始，而有陆象山；当朱学盛行之后，而有王阳明。虽其得社会信用不及朱学之悠久，而当其发展之时，其势几足以倾朱学而有余焉。大抵朱学毗于横渠、伊川，而陆、王毗于濂溪、明道；朱学毗于荀，陆、王毗于孟。以周季之思潮比例之，朱学纯然为北方思想，而陆、王则毗于南方思想者也。

　　小传　陆象山，名九渊，字子静，自号存斋，金谿人。父名贺，象山其季子也。乾道八年，登进士第，历官至知荆门军。以绍熙三年卒，年五十四。嘉定十年，赐谥文安。象山三四岁时，尝问其父，天地何所穷际。及总角，闻人诵伊川之语，若被伤者，曰："伊川之言，何其不类孔子、孟子耶？"读古书至宇宙二字，解曰："四方上下为宇，往古来今曰宙。"忽大省，曰："宇宙内之事，乃己分内事，己分内之事，乃宇宙内事。"又曰："宇宙即是吾心，吾心即是宇宙。东海有圣人出，此心同，此理同焉。西海有圣人出，此心同，此理同焉。南海、北海有圣人出，此心同，此理同焉。千百世之上，有圣人出，此心同，此理同焉。千百世之下，有圣人出，此心同，此理同焉。"淳熙间，自京师归，学者甚盛，每诣城邑，环坐二三百人，至不能容。寻结茅象山，学徒大集，案籍逾数千人。或劝著书，象山曰："六经注我，我注六经。"又曰："学苟知道，则六经皆我注脚也。"所著有《象山集》。

朱陆之论争 自朱、陆异派，及门互相诋諆。淳熙二年，东莱集江浙诸友于信州鹅湖寺以决之，既莅会，象山、晦庵互相辨难，连日不能决。晦庵曰："人各有所见，不如取决于后世。"其后彼此通书，又互有冲突。其间关于太极图说者，大抵名义之异同，无关宏旨。至于伦理学说之异同，则晦庵之见，以为象山尊心，乃禅家余派，学者当先求圣贤之遗言于书中。而修身之法，自洒扫应对始。象山则以晦庵之学为逐末，以为学问之道，不在外而在内，不在古人之文字而在其精神，故尝诘晦庵以尧舜曾读何书焉。

心即理 象山不认有天理人欲与道心人心之别，故曰："心即理。"又曰："心一也，人安有二心。"又曰："天理人欲之分，论极有病，自《礼记》有此言，而后人袭之，记曰，人生而静，天之性也，感于物而动，性之欲也。若是，则动亦是，静亦是，岂有天理人欲之分？动若不是，则静亦不是，岂有动静之间哉？"彼又以古书有人心惟危、道心惟微之语，则为之说曰："自人而言则曰惟危，自道而言则曰惟微。如其说，则古书之言，亦不过由两旁面而观察之，非真有二心也。"又曰："心一理也，理亦一理也，至当归一，精义无二，此心此理，不容有二。"又曰："孟子所谓不虑而知者，其良知也，不学而能者，其良能也，我固有之，非由外铄我也。"

纯粹之唯心论 象山以心即理，而其言宇宙也，则曰：塞宇宙一理耳。又曰，万物皆备于我，只要明理而已，然则宇宙即理，理即心，皆一而非二也。

气质与私欲 象山既不认有理欲之别，而其说时亦有蹈袭前儒者。曰："气质偏弱，则耳目之官，不思而蔽于物，物交物则引之而已矣。由是向之所谓忠信者，流而放辟邪侈，而不能自反矣。当是时，其心之所主，无非物欲而已矣。"又曰："气有所蒙，物有所蔽，势有所迁，习有所移，往而不返，迷而不解，于是为愚为不肖，于彝伦则斁，于天命则悖。"

又曰："人之病道者二，一资，二渐习。"然宇宙一理，则必无不善，而何以有此不善之资及渐习，象山固未暇研究也。

思　象山进而论修为之方，则尊思。曰："义理之在人心，实天之所与而不可泯灭者也。彼其受蔽于物，而至于悖理违义，盖亦弗思焉耳。诚能反而思之，则是非取舍，盖有隐然而动，判然而明，决然而无疑者矣。"又曰："学问之功，切磋之始，必有自疑之兆，及其至也，必有自克之实。"

先立其大　然则所思者何在？曰："人当先理会所以为人，深思痛省，枉自汩没，虚过日月，朋友讲学，未说到这里，若不知人之所以为人，而与之讲学，遗其大而言其细，便是放饭流歠而问无齿决。若能知其大，虽轻，自然反轻归厚，因举一人恣情纵欲，一旦知尊德乐道，便明白洁直。"又曰："近有议吾者曰：'除了先立乎其大者一句，无伎俩。'吾闻之，曰：诚然。又曰：凡物必有本末，吾之教人，大概使其本常重，不为末所累。"

诚　象山于实践方面，则揭一诚字。尝曰："古人皆明实理做实事。"又曰："呜呼！循顶至踵，皆父母之遗骸，俯仰天地之间，惧不能朝夕求寡愧怍，亦得与闻于孟子所谓塞天地吾夫子人为贵之说与？"又引《中庸》之言以证明之曰："诚者非自成己而已也，所以成物也。成己仁也，成物知也，性之德也，合外内之道也。"

结论　象山理论既以心理与宇宙为一，而又言气质，言物欲，又不研究其所由来，于不知不觉之间，由一元论而蜕为二元论，与孟子同病，亦由其所注意者，全在积极一方面故也。其思想之自由，工夫之简易，人生观之平等，使学者无墨守古书拘牵末节之失，而自求进步，诚有足多者焉。

第十一章　杨慈湖

　　象山谓塞宇宙一理耳，然宇宙之现象，不赘一词。得慈湖之说，而宇宙即理之说益明。

　　小传　杨慈湖，名简，字敬中，慈溪人。乾道五年，第进士，调当阳主簿，寻历诸官，以大中大夫致仕。宝庆二年卒，年八十六，谥文元。慈湖官当阳时，始遇象山。象山数提本心二字，慈湖问何谓本心，象山曰："君今日所听者扇讼，扇讼者必有一是一非，若见得孰者为非，即决定某甲为是，某甲为非，非本心而何？"慈湖闻之，忽觉其心澄然清明，亟问曰："如是而已乎？"象山厉声答曰："更有何者？"慈湖退而拱坐达旦，质明，纳拜，称弟子焉。慈湖所著有《己易》、《启蔽》二书。

　　己易　慈湖著《己易》，以为宇宙不外乎我心，故宇宙现象之变化，不外乎我心之变化。故曰："易者己也，非他也。以易为书，不以易为己不可也。以易为天地之变化，不以易为己之变化，不可也。天地者，我之天地；变化者，我之变化，非他物也。"又曰："吾之性，澄然清明而非物；吾之性，洞然无际而非量。天者，吾性之象；地者，吾性中之形。"故曰："在天成象，在地成形，皆我所为也。混融无内外，贯通无异种。"又曰："天地之心，果可得而见乎？果不可得而见乎？果动乎？果未动乎？特未察之而已。似动而未尝移，似变而未尝改，不改不移，谓之寂然不动可也，谓之无思虑可也，谓之不疾而速不行而至可也，是天下之动也，是天下之至赜也。"又曰："吾未见天地人之有三也，三者形也，一者性也，亦曰道也，又曰易也，名言之不用，而其实一体也。"

结论　象山谓宇宙内事即己分内事，其所见固与慈湖同。唯象山之说，多就伦理方面指点，不甚注意于宇宙论。慈湖之说，足以补象山之所未及矣。

第十二章　王阳明

陆学自慈湖以后，几无传人。而朱学则自季宋，而元，而明，流行益广，其间亦复名儒辈出。而其学说，则无甚创见，其他循声附和者，率不免流于支离烦琐。而重以科举之招，益滋言行凿枘之弊。物极则反，明之中叶，王阳明出，中兴陆学，而思想界之气象又一新焉。

小传　王阳明，名守仁，字伯安，余姚人。少年尝筑堂于会稽山之洞中，其后门人为建阳明书院于绍兴，故以阳明称焉。阳明以弘治十二年中进士，尝平漳南横水诸寇，破叛藩宸濠，平广西叛蛮，历官至左都御史，封新建伯。嘉靖七年卒，年五十七。隆庆中，赠新建侯，谥文成。阳明天资绝人，年十八，谒娄一斋，慨然为圣人可学而至。尝遍读考亭之书，循序格物，终觉心物判而为二，不得入，于是出入于佛老之间。武宗时，被谪为贵州龙场驿丞，其地在万山丛树之中，蛇虺魍魉虫毒瘴疠之所萃，备尝辛苦，动心忍性。因念圣人处此，更有何道。遂悟格物致知之旨，以为圣人之道，吾性自足，不假外求。自是遂尽去枝叶，一意本原焉。所著有《阳明全集》、《阳明全书》。

心即理　心即理，象山之说也。阳明更疏通而证明之曰："理一而已。以其理之凝聚言之谓之性，以其凝聚之主宰言之谓之心，以其主宰之发动言之谓之意，以其发动之明觉言之谓之知，以其明觉之感应言之谓之物。

故就物而言之谓之格，就知而言之谓之致，就意而言之谓之诚，就心而言之谓之正。正者正此心也，诚者诚此心也，致者致此心也，格者格此心也，皆谓穷理以尽性也。天下无性外之理，无性外之物。学之不明，皆由世之儒者认心为外，认物为外，而不知义内之说也。"

知行合一　朱学泥于循序渐进之义，曰必先求圣贤之言于遗书。曰自洒扫应对进退始。其弊也，使人迟疑观望，而不敢勇于进取。阳明于是矫之以知行合一之说。曰："知是行之始，行是知之成，知外无行，行外无知。"又曰："知之真切笃实处便是行，行之明觉精密处便是知。若行不能明觉精密，便是冥行，便是'学而不思则罔'；若知不能真切笃实，便是妄想，便是'思而不学则殆'。"又曰："《大学》言如好好色，见好色属知，好好色属行。见色时即是好，非见而后立志去好也。今人却谓必先知而后行，且讲习讨论以求知。俟知得真时，去行，故遂终身不行，亦遂终身不知。"盖阳明之所谓知，专以德性之智言之，与寻常所谓知识不同；而其所谓行，则就动机言之，如大学之所谓意。然则即知即行，良非虚言也。

致良知　阳明心理合一，而以孟子之所谓良知代表之。又主知行合一，而以《大学》之所谓致知代表之。于是合而言之，曰致良知。其言良知也，曰："天命之性，粹然至善，其灵明不昧者，皆其至善之发见，乃明德之本体，而所谓良知者也。"又曰："未发之中，即良知也。无前后内外，而浑然一体者也。"又曰："虽妄念之发，而良知未尝不在；虽昏塞之极，而良知未尝不明。"于是进而言致知，则包诚意格物而言之，曰："今欲别善恶以诚其意，惟在致其良知之所知焉尔。何则？意念之发，吾心之良知，既知其为善矣，使其不能诚有以好之，而复背而去之，则是以善为恶，自昧其知善之良知矣。意念之所发，吾之良知，既知其为不善矣，使其不能诚有以恶之，而复蹈而为之，则是以恶为善，而自昧其知恶之良知矣。若是，则虽曰知之，犹不知也。意其可得而诚乎？今于良知所知之善恶者，无不诚好而诚恶之，则不自欺其良知而意可诚矣。"又曰："于其良知所知之善者，即其意之所在之物而实为之，无有乎不尽。于其良知所知之恶者，即其意之所在之物而实去之，无有乎不尽。然后物无不格，而吾良知之所知者，吾有亏缺障蔽，而得以极其至矣。"是其说，统格物诚意于致知，而不外乎知行合一之义也。

仁 阳明之言良知也，曰："人的良知，就是草木瓦石的良知。若草木瓦石无人的良知，不可以为草木瓦石矣。岂惟草木瓦石为然，天地无人的良知，亦不可以为天地矣。"是即心理合一之义，谓宇宙即良知也。于是言其致良知之极功，亦必普及宇宙，阳明以仁字代表之。曰："是故见孺子之入井，而必有怵惕恻隐之心焉，是其仁之与孺子而为一体也；孺子犹同类者也，见鸟兽之哀鸣觳觫而必有不忍之心焉，是其仁之与鸟兽而为一体也；鸟兽犹有知觉者也，见草木之摧折，而必有悯惜之心焉，是其仁之与草木而为一体也；草木犹有生意者也，见瓦石之毁坏，而必有顾惜之心焉，是其仁之与瓦石而为一体也。是其一体之仁也。虽小人之心，亦必有之。是本根于天命之性，而自然灵昭不昧者也。"又曰："故明明德，必在于亲民，而亲民乃所以明其明德也。是故亲吾之父，以及人之父，以及天下人之父，而后吾之仁实与吾之父、人之父与天下人之父而为一体矣。实与之为一体，而后孝之明德始明矣。亲吾兄，以及人之兄，以及天下人之兄，而后吾之仁，实与吾之兄、人之兄与天下人之兄而为一体矣。实与之为一体，而后弟之明德始明矣。君臣也，夫妇也，朋友也，以至于山川鬼神草木鸟兽也，莫不实有以亲之，以达吾一体之仁，然后吾之明德始无不明，而真能以天地万物为一体矣。"

结论 阳明以至敏之天才，至富之阅历，至深之研究，由博返约，直指本原，排斥一切拘牵文义区划阶级之习，发挥陆氏心理一致之义，而辅以知行合一之说。孔子所谓我欲仁斯仁至，孟子所谓人皆可以为尧舜焉者，得阳明之说而其理益明。虽其依违古书之文字，针对末学之弊习，所揭言说，不必尽合于论理，然彼所注意者，本不在是。苟寻其本义，则其所以矫朱学末流之弊，促思想之自由，而励实践之勇气者，其功固昭然不可掩也。

第三期结论

　　自宋及明，名儒辈出，以学说觑理之，朱、陆两派之舞台而已。濂溪、横渠，开二程之先，由明道历上蔡而递演之，于是有象山学派；由伊川历龟山而递演之，于是有晦庵学派。象山之学，得阳明而益光大；晦庵之学，则薪传虽不绝，而未有能扩张其范围者也。朱学近于经验论，而其所谓经验者，不在事实，而在古书，故其末流，不免依傍圣贤而流于独断。陆学近乎师心，而以其不胶成见，又常持物我同体知行合一之义，乃转有以通情而达理，故常足以救朱学末流之弊也。唯陆学以思想自由之故，不免逸出本教之范围。如阳明之后，有王龙溪一派，遂昌言禅悦，递传而至李卓吾，则遂公言不以孔子之是非为是非，而卒遭焚书杀身之祸。自是陆、王之学，益为反对派所诟病，以其与吾族尊古之习惯不相投也。朱学逊言谨行，确守宗教之范围，而于其范围中，尤注重于为下不悖之义，故常有以自全。然自本朝有讲学之禁，而学者社会，亦颇倦于搬运文字之性理学，于是遁而为考据。其实仍朱学尊经笃古之流派，唯益缩其范围，而专研诂训名物。又推崇汉儒，以傲宋明诸儒之空疏，益无新思想之发展，而与伦理学无关矣。阳明以后，唯戴东原，咨嗟于宋学流弊生心害政，而发挥孟子之说以纠之，不愧为一思想家。其他若黄梨洲，若俞理初，则于实践伦理一方面，亦有取蕴蕴已久之古义而发明之者，故叙其概于下。

附录　蔡元培演讲录

世界观与人生观

世界无涯涘也，而吾人乃于其中占有数尺之地位；世界无终始也，而吾人乃于其中占有数十年之寿命；世界之迁流如是其繁变也，而吾人乃于其中占有少许之历史。以吾人之一生较之世界，其大小久暂之相去既不可以数量计，而吾人一生又决不能有几微遁出于世界以外，则吾人非先有一世界观，决无所容喙于人生观。

虽然，吾人既为世界之一分子，决不能超出世界以外，而考察一客观之世界，则所谓完全之世界观何自而得之乎？曰凡分子必具有全体之本性，而既为分子则因其所值之时地而发生种种特性，排去各分子之特性而得一通性，则即全体之本性矣。吾人为世界一分子，凡吾人意识所能接触者无一非世界之分子。研究吾人之意识而求其最后之原素为物质及形式，犹相对待也。超物质形式之畛域而自在者，惟有意志。于是吾人得以意志为世界各分子之通性，而即以是为世界之本性。

本体世界之意志，无所谓鹄的也。何则？一有鹄的，则悬之有其所，达之有其时，而不得不循因果律以为达之之方法，是仍落于形式之中，含有各分子之特性，而不足以为本体。故说者以本体世界为黑暗之意志，或谓之盲瞽之意志，皆所以形容其异于现象世界各各之意志也。现象世界各各之意志则以回向本体为最后之大鹄的，其间接以达于此大鹄的者又有无量数之小鹄的，各以其间接于最后大鹄的之远近为其大小之差。

最后之大鹄的何在？曰合世界之各分子息息相关，无复有彼此之差别，达于现象世界与本体世界相交之一点是也。自宗教家言之，吾人固未尝不可一瞬间超轶现象世界种种差别之关系，而完全成立为本体世界之大我。然吾人于此时期既尚有语言文字之交通，则已受范于渐法之中，而不以顿法，于是不得不有所谓种种间接之作用。缀辑此等间接作用，使厘然有系统可寻者，进化史也。

统大地之进化史而观之，无机物之各质点，自自然引力外，殆无特别相互之关系；进而为有机之植物，则能以质点集合之机关共同操作，以行其延年传种之作用；进而为动物，则又于同种类间为亲子朋友之关系，而其分职通功之例视植物为繁。及进而为人类，则由家庭而宗族，而社会，而国家，而国际，其互相关系之形式既日趋于博大，而成绩所留，随举一端，皆有自阂而通，自别而同之趋势。例如昔之工艺，自造之，而自用之耳。今则一人之所享受，不知经若干人之手而后成；一人之所操作，不知供若干人之利用。昔之知识，取材于乡土志耳。今则自然界之记录，无远弗届；远之星体之运行，小之原子之变化，皆为科学所管领。由考古学人类学之互证，而知开明人之祖先与未开化人无异；由进化学之研究，而知人类之祖先与动物无异。是以语言风俗宗教美术之属，无不合大地之人类以相比较。而动物心理，动物言语之属，亦渐为学者所注意。昔之同情，及最近者而止耳。是以同一人类，或状貌稍异，即痛痒不复相关，而甚至于相食；其次则死之，奴之。今则四海兄弟之观念为人类所公认，而肉食之戒，虐待动物之禁，以渐流布；所谓仁民而爱物者，已成为常识焉。夫已往之世界，经其各分子经营而进步者其成绩固已如此，过此以往，不亦可比例而知之欤？

道家之言曰："知足不辱，知止不殆。"又曰："小国寡民，使有什伯之器而不用；使民重死而不远徙，虽有舟舆，无所乘之，虽有甲兵，无所陈之；使民复结绳而用之，甘其食，美其服，安其居，乐其俗；邻国相望，鸡狗之声相闻，民至老死而不相往来。"此皆以目前之幸福言之也。

自进化史考之，则人类精神之趋势乃适与相反。人满之患虽自昔藉为口实，而自昔探险新地者率生于好奇心，而非为饥寒所迫。南北极苦寒之所，未必于吾侪生活有直接利用之资料，而冒险探极者踵相接。由推轮而大辂。由桴槎而方舟，足以济不通矣，乃必进而为汽车汽船及自动车之属。近则飞艇飞机更为竞争之的。其构造之初必有若干之试验者供其牺牲，而初不以及身之不及利用而生悔。文学家美术家最高尚之著作，被崇拜者或在死后，而初不以及身之不得信用而辍业。用以知：为将来而牺牲现在者，又人类之通性也。

人生之初，耕田而食，凿井而饮，谋生之事至为繁重，无暇为高尚之思想。自机械发明，交通迅速，资生之具日趋于便利。循是以往，必有菽粟如水火之一日，使人类不复为口腹所累，而得专致力于精神之修养。今虽尚非其时，而纯理之科学，高尚之美术，笃嗜者固已有甚于饥渴，是即他日普及之朕兆也。科学者，所以祛现象世界之障碍，而引致于光明。美术者，所以写本体世界之现象，而提醒其觉性。人类精神之趋向既毗于是，则其所到达之点盖可知矣。

然则，进化史所以诏吾人者：人类之义务，为群伦不为小己，为将来不为现在，为精神之愉快而非为体魄之享受，固已彰明而较著矣。而世之误读进化史者，乃以人类之大鹄的为不外乎具一身与种性之生存，而遂以强者权利为无上之道德。夫使人类果以一身之生存为最大之鹄的，则将如神仙家所主张，而又何有于种姓？如曰人类固以绵延其种姓为最后之鹄的，则必以保持其单纯之种姓为第一义，而同姓相婚，其生不蕃，古今开明民族，往往有几许之混合者。是两者何足以为究竟之鹄的乎？孔子曰："生无所息。"庄子曰："造物劳我以生。"诸葛孔明曰："鞠躬尽瘁，死而后已。"是吾身之所以欲生存也。北山愚公之言曰："虽我之死，有子存焉；子又生孙，孙又生子：子子孙孙，无穷匮也。而山不加增，何若而不平。"是种姓之所以欲生存也。人类以在此世界有当尽之义务，不得不生存其身体。又以此义务者非数十年之寿命所能竣，而不得不谋其种姓之生存。以图其身体若种姓之生存，而不能不有所资以营养，于是有吸收之权利。又或吾人所以尽务之身体若种姓，及夫所资以生存之具，无端受外界之侵害，将坐是而失其所以尽务之自由，于是有抵抗之权利。此正负两式之权利，由义务而演出者也。今曰吾人无所谓义务，而权利则可以无限，是犹同舟共济，非合力不足以达彼岸，乃强有力者以进行为多事，而劫他人所持之棹楫以为己有，岂非颠倒之尤者乎？

　　昔之哲人有见于大鹄的之所在，而于其他无量之小鹄的又准其距离于大鹄的之远近以为大小之差。于其常也，大小鹄的并行而不悖。孔子曰："己欲立而立人，己欲达而达人。"孟子曰："好乐，好色，好货，与人同之。"是其义也。于其变也，绌小以申大。尧知子丹朱之不肖，不足授天下。授舜则天下得其利而丹朱病，授丹朱则天下病而丹朱得其利，尧曰终不以天下之病，而利一人，而卒授舜以天下。禹治洪水，十年不窥其家。孔子曰："志士仁人，无求生以害仁，有杀身以成仁。"墨子摩顶放踵，利天下为之。孟子曰："生与义不可得兼，舍生而取义。"范文正曰："一家哭，何如一路哭。"是其义也。循是以往，则所谓人生者，始合于世界进化之公例，而有真正之价值。否则，庄生所谓天地之委形委蜕已耳，何足选也！

在信教自由会之演说

　　鄙人今日因信教自由会新年俱乐会之机会，得与国会及学界报界诸君相聚一堂，诚为鄙人之幸。窃闻今日论者往往有请定孔教为国教之议。鄙人对兹问题，深致骇异。据鄙人观察，宗教是宗教，孔子是孔子，国家是国家：各有范围，不能并作一谈。

　　请言宗教。上古之世，草昧初开。其民智识浅陋，所见惊奇疑异之事，皆以为出于神意。如人之生也从何来，人之死也从何去，万物之生生而代谢也为之者何人，高山之崔巍，大海之汪洋，雨露之恩泽，雷霆之威严，日月之光华，即下至一草一木，一勺水，一撮土，凡不知其理由者，皆以为有神寓乎其间而崇拜之。此多神教所由起也。其后于经验上发明统一之理，则又以为天地间有大主宰焉：虽大至无外，小至微尘，莫不由其意匠之所造。此一神教之所由起也。既有宗教，而天地间一切疑难勿可解决之问题，皆得藉教义以解答之。且推之于感情方面，而人类疾病死亡痛苦一切不能满足之心虑，皆得于良心上有所慰藉，与之以新生之希望。又推之于行为方面，而福善祸淫，使人人有天堂之歆羡与地狱之恐怖，以去恶而从善。此皆半开化人所信仰之主义，而无不求其主宰于冥冥之中者也。其后人智日开，科学发达：以星云说明天地之始，以进化论明人类之由来，以引力说原子论明自然界之秩序，而上帝创造世界之说破；以归纳法组织伦理学、社会学等，而上帝监理人类行为之说破。于是旧宗教之主义不足以博信仰。其所余者，祈祷之仪式，僧侣之酬应而已。而人之信仰心，乃渐移于哲学家之所主张。所以各国宪法，均有信仰自由一条，所以解除宗教之束缚也。

不意我国当此时代，转欲取孔子之说以建设宗教。夫孔子之说，教育耳，政治耳，道德耳。其所以不废古来近乎宗教之礼制者，特其从宜从俗之作用，非本意也。季路问事鬼神，曰："未能事人，焉能事鬼?"问死，曰："未知生，焉知死?"是孔子本身对于宗教已不啻自划界限。且宗教之成也，必由其教主自称天使，创立仪式，又以攻击异教为惟一之义务。孔子宁有是耶? 孔子自孔子，宗教自宗教：孔子宗教，两不相关。"孔教"二字，当能成一名词耶?

至于国家，乃一政治的团体，以政治为其界限。换言之，即发源于某一土地之人民，于一定土地范围之内，集成一大团体，设立机关，确认相互遵守之约，举任共同信望之人，利行其团体之任务，克达生存之目的云耳。然所谓达其生存之目的云者，乃谓关于身体的，非关于灵魂的；关于世间的，非关于出世间的；关于人类既生以后未死以前之一段的，非关于人类未生以前既死以后的。其与宗教，可谓相反。所以一国之中，不妨有各种宗教：而一宗教之中，可以包含多数国家之人民。既以国家为界，即不复能以宗教为界；既以宗教为界，即不能复以国家为界。换言之，既论国界，即不论教界，故国家不干涉宗教；既论教界，即不论国界，故宗教亦不能干涉国家。国家自国家，宗教自宗教："国教"二字，尚能成一名词耶?

孔教不成名词，国教亦不成名词，然则所谓"以孔教为国教"者，实不可通之语。鄙见如是，幸诸君教正之。

我之欧战观

（在政学会欢迎会演说，八年十二月三日改定）

今日贵会开恳亲会，鄙人得随诸君子之后，躬逢其盛，欢欣莫名。鄙人对于政治方面，毫无经验，对于创造共和，亦未稍尽血汗之劳。欢迎两字，实不敢当。今日承贵会相招，命鄙人略述欧战之情形。鄙人近从欧洲归国，自应略有见闻。但鄙人并无军事上之知识，对于此次战争，自不能发挥其真谛。又此次战争，一方系同盟国，一方系协约国。鄙人来自法国，对于同盟国一方面，自必大有隔阂。兹以管窥所及，略为诸君子陈之。

欧战持久之原因。此次欧洲战争，牵连之国甚多，除欧洲一二小国外，其余各国，尽牵连在内。至战争最激烈者，则属德法俄三国，而尤以德法之战为最久。故鄙人所欲言者，为德法二国所以能持久之原因。

科学之发达。据鄙人观察，以为第一因科学之发达，第二因美术之发达。骤聆此论，似近迂腐，然其中却有真理。何以谓由于科学发达也？战争要品，厥惟军械；世界日近文明，军械亦日新月异。比利时之列日（Liege）炮台，为世界最著名者。当造此时，以为无论何种炮弹，皆能抵御，而德国秘制之巨炮，竟攻破之。是其战胜实由军械进步，而军械进步，实由科学进步。又粮饷尤为军事上要品。然为地力所限，不能为无已之加增。德国虑粮糈缺乏，恃科学之力，制造种种代用品以济之。又战争之初，德军得势，半亦由于交通之便利。德国之交通计画，于无事时预备已极周到；一值开战，则即为运输军队之用。其工程之完坚，组织之精密，无不源于科学。法为民主国，其军备不能如德之强。故开战之初，不免失败。然以科学发达之故，军械之制造，饷糈之调度，交通之设备，尚足与德抗衡，故能持久不敝，与德互有胜负。至俄国则版图虽较德法二国为大，而科学比较的不发达，军械不足，交通不便，遂一蹶而不振矣。

国民道德。然进而求之，战争以军人为主体。军备虽完，交通虽便，苟军人无舍身为国之公德，亦自无效。德国取侵略主义，法国取防御主义：主义虽不同，而为军人者，俱能奋勇前进。此由于国民之道德。俄国官吏有贪赃纳贿者，军官有私扣兵饷者；政治之腐败，已达极点；而国民教育，亦未普及。虽以德法二国之精兵与之，亦万不能操必胜之权。

道德与宗教。至道德之养成，有谓倚赖宗教者，其实不然。以此三国比较之，俄国最重宗教。莫斯科一市，即有教堂千余所。国家以希腊教为正教，对于异教之人，不禁虐待。犹太人因保守犹太旧教，屡受俄人虐遇。可见信仰宗教，实以俄人程度为最高。德国北方多奉耶教，南方多奉天主教。而德人对于宗教，并不极端信仰。即如星期日，各教堂虽均有教士演讲，而普通人不皆往听。至于大学生，则对于教士多非笑之。一元论哲学家如海开尔（Hecker）等，尤攻击宗教。法国人对于宗教，较之德人尤为浅薄；即如圣诞日，德国尚停市数日，饰树缀灯；法国则开市如常，并无何等点缀。至于教堂中常常涉足者，不过守旧党而已。自一八九二年至一九一二年，法国厉行政教分离之制，凡教士均不得在国立学校为教员，自小学以至大学皆然。此外反对宗教之学说，自服尔得尔（Voltaire）以来，不知有若干人。可见法国人对于宗教之态度矣。俄人宗教上之信仰，较德法人为高，而战争中之国民道德，乃远不如德法，可以见宗教与道德无大关系矣。

美术之作用。然则法德两国不甚信仰宗教，而一般人民何以有道德心？此即美术之作用。大凡生物之行动，无不由于意志。意志不能离知识与情感而单独进行。凡道德之关系功利者，伴乎知识，恃有科学之作用；而道德之超越功利者，伴乎情感，恃有美术之作用。美术作用有两方面：美与高是。

美与高。美者，都丽之状态；高者，刚大之状态。假如光风霁月，柳暗光明，在自然界本为好景。传之诗歌，写诸图画，亦使读者观者有潇洒绝尘之趣，是美之效用也。又如大海风涛，火山爆发，苟非身受其祸，罕不叹为壮观。美术中伟大雄强一类，其初虽使人惊怖，而神游其中，转足以引出伟大雄强之人生观。此高之效用也。

德法之民性。现今世界各国，拉丁民族之性质偏于美，而日耳曼民族之性质偏于高。德国鞠台（Goethe）之戏曲，都雷（Dürer）与呵尔拜因（Holbein）之图画，克林格（Klinger）之造象，皆于雄强之中带神秘性质。此偏于高者也。法国语调之温雅，罗科科（Rococo）时代建筑与器具之华丽，大卫（David）与英格尔（Ingres）等图画之清秀，皆偏于美者也。凡民族性质偏于高者，认定目的，即尽力以达之，无所谓劳苦，无所谓危险。观德军猛攻凡尔登之役，积尸如山，猛进不已：其毅力为何如！凡民族性质偏于美者，遇事均能从容应付，虽当颠沛流离之际，决不改其常度。观法人自开战以来，明知兵队之数，预备之周，均不及德，而临机应变，毫不张皇，当退则退，可进则进，若握有最后胜利之预算，而决不以目前之小利害动其心者：其雍容为何如！此可以见美术与国民性之关系。而战争持久之能力，源于美术之作用者，亦必非浅鲜矣。

帝国主义与人道主义。又有一层：此次战争，与帝国主义及人道主义之消长，有密切关系。使战争结果，同盟方面果占胜利，则必以德国为欧洲盟主，亦即为世界盟主，且将以军国主义支配全世界。又使协约方面而胜利，则必主张人道主义而消灭军国主义，使世界永久和平，何以言之？在昔生物学者有物竞争存优胜劣败之说，德国大文学家尼采（Nietsche）遂应用其说于人群，以为汰弱存强为人类进化公理，而以强者之怜悯弱者为奴隶道德。德国主战派遂应用其说于国际间，此军国主义之所以盛行也。然生物学者又有一派发见生物进化公例不在竞争而在互助。俄国无政府主义者克鲁巴特金（Kropodkin）亲王集其大成，而作《互助论》。其出版时本用英文，亦有他国文译本，然未为多数人所欢迎也。自此次战争开始，协约国一方面深信非互助无以敌德。既于协约各国间实验之，而《互助论》之销数乃大增。此即应用互助主义于国际而为人道主义昌明之见端也。吾人既反对帝国主义，而渴望人道主义，则希望协约国之胜利也，又复何疑？

哲学与科学

（八年一月）

　　哲学与科学同为有系统之学说。其所异者：科学偏重归纳法，故亦谓之自下而上之学；哲学偏重演绎法，故亦谓之自上而下之学。古代演绎法盛行之时，但有哲学之名，今之所谓科学者，悉包于哲学之中焉。

　　盖人智之萌芽，本为神话。拜物之习，拟人之神，雷公电母，迎虎祭猫，皆自然科学之对象也。世界原始之谈，人类生死之解，中国之盘古及感生帝，印度之梵天及轮回说，《旧约》之《上帝创造世界记》，皆哲学之对象也。然以偏于科学对象者为多。本此等神话而组成不完全之系统，引以切近人事，于是有宗教。中国之丧祭等礼，印度之婆罗门，波斯之火教，犹太人之《旧约》皆是也。其理论亦大抵包于近世科学之对象，而关于哲学者为多。其后人类又迫于科学思想之冲动，不餍于此等独断之宗教，乃各以观察所得者立说，是为哲学之始。如中国之八卦说，五行说，印度之六派哲学（数论、胜论等），希腊之宇宙论，皆毗于自然界之独断论也。及其说为时人所厌，而怀疑派之哲学继之而起，于是有中国之少正卯一流（《荀子·宥坐篇》，"孔子曰，人有恶者五而盗窃不与焉。一曰心达而险，二曰行辟而坚，三曰言伪而辩，四曰记丑而博，五曰顺非而泽。少正卯兼有之，故居处足以聚徒成众，言谈足以饰邪营众，强足以非是独立，此小人之桀雄也。"正与希腊诡辩派相类），印度之六师外道，希腊之诡辩派。此等怀疑之论，不足以久维人心，于是有道德论之哲学继之。如中国之孔子，印度之佛，希腊之苏格拉底是也。佛氏以宗教之形式，阐揭玄学，其后循此发展。永为宗教性之哲学，遂与科学无何等之关系。孔子之后有庄子，苏格拉底之后有柏拉图，皆偏于玄学者也。孔子同时有墨子，苏格拉底之后有雅里士多德，则皆兼治科学者也。庄子之哲学为神仙家所依托而有道教，柏拉图之哲学为基督教所攀援而立新柏拉图派，则又由哲学而转为宗教矣。中国墨学中绝，故以后科学永不发达，而宗仰孔子之儒家，自汉以来，不能出烦琐哲学之范围。西洋之宗教，引雅里士多德学派以自振，故中古之烦琐哲学，虽为人智之障碍，而科学之脉未绝。及文艺中兴以后，思想界以渐革新，自然科学次第成立，于是哲学与科学之关系缘之而起焉。

其在古代所谓哲学者，常兼今日之所谓科学而言之。如柏拉图分哲学为三大类：一曰辨学，二曰物理，三曰论理，而以辨学为纲。雅里士多德则分哲学为理论实际二大类。其属于理论者，为分析术（论理学）、玄学、数学、物理学、心理学；其属于实际者，为伦理学、政治学、辨论学、诗学。此种观念，至近世哲学家如培根、特嘉尔辈亦尚仍之。培根分学术为三大类：一曰记忆之学。史学是也；二曰想象之学，诗学是也；三曰思想之学，哲学是也。哲学之中，分为自然宗教、宇宙论、人类学三纲。于宇宙论中，分为自然学（物理）及自然鹄的论（玄学）二门。又于自然学中，分为记述学（具体的物理学）及自然说明学（抽象的物理学即物理学及化学）。其于人类学中分为各人及社会二纲。属于各人者，为生理学（其应用为医学）及心理学（包论理学及伦理学）；其属于社会者，为政治学。特嘉尔著《哲学纲要》一书，其第一编为认识论及玄学之概论，第二编为机械的物理学要旨，第三编为宇宙论，第四编为物理学、化学、生理学之说明。说者谓等于学术丛编焉。而特嘉尔自序谓哲学即人类知识之综合，其主要者，（一）玄学，（二）物理学，（三）机械的科学，包有医学机械学及伦理学云。皆以哲学之名包一切科学也。

又有以哲学与科学为同义者。如霍布斯分哲学为三部分：曰物理学，曰人类学，曰政治学；又谓不属于哲学者为神学及历史（自然史及政治学）。何也？以其非科学也。洛克分哲学为二部：一曰物理（亦谓之自然哲学），二曰应用（如伦理学、论理学等）。一千六百九十六年英国著名算学家韦里斯（Wallis）于皇家科学会成立式演说曰：本会者，超乎宗教及政治之外而专为哲学之研究者也。研究之对象，曰物理学，曰解剖术，曰形学，曰天文，曰航海术，曰统计学，曰磁学，曰化学，曰机械学，曰实验之自然科学。我等所讨论者，曰血之流行，曰静脉，曰哥白尼学说，曰彗星及新星之性质，曰木星之卫星，曰远镜之改良，曰空气之重量，曰真空之能否。要之所谓一切新哲学者皆包之而已。曰科学，曰哲学，曰新哲学，初未为界别也。伏尔弗（Wolff）者，于十八世纪中组织通俗哲学者也，分哲学为三部：曰自然神学，曰心理学，曰物理学，此模范科学也，为第一部；曰论理学，日与心理学相应之实用哲学，曰与物理学相应之机械学，为第二部；日本体学，为综合一切现象而考定之之科学，为第三部。是亦以哲学包科学者也。至康德作《纯粹理性批判》，别人之认识为先天、后天二类。先天者出于固有，后天者本于经验，前者为感想而后者为分析法，前者构成玄学（即哲学）而后者构成科学。于是哲学与科学始有画然之界限。

然由是而康德以后之理想派哲学家遂有排斥科学之说，如菲屑脱云："哲学者，不必顾何等经验而纯然从事于先天之认识者也。"赛零则又进一步，谓"自然学研究者之方法盲者也，无理想者也。故哲学破坏于培根，而科学则破坏于波埃尔（Boyle）及牛顿"，至于海该尔为悬想派哲学之完成者，则以科学为不外乎各种零碎知识之集合，而实在之知识惟有哲学耳。既有此排斥科学之哲学家，而科学发展以后，遂有排斥哲学之科学家。大率谓哲学者，严格言之，本不得为科学，是乃一种之诡辨术，据一种官能或理性之现象，以说明一切事物；或为一种之魔术，以深晦之神意，杂入最普通之概念而宣布之，要皆以震骇庸俗已耳。凡此等互相菲薄之言，其非真理，可不待言。惟有一种事实不可不注意者，则自科学发展以后，哲学之范围以渐缩是也。

自十六世纪以后，学术界之观念，渐与中古时代不同。其最著者：（一）培根于论理学极力提倡归纳法，因得凌驾雅里士多德之演绎法，而凡事基础于实地之观察。（二）自一千五百九十年发明显微镜，千六百零九年发明远镜，其后寒暑风雨电气等表次第发明，而实验之具渐备。（三）分工之理大明，渐由博综之哲学而趋于专精之科学。此皆各种科学特别成立之原因也。哥白尼（Copernicus，1473—1543）唱地动说，加伯尔（Kepler，1571—1630）发见行星绕日之规则，加里勒（Galileo，1564—1642）附加以地球绕日之时间，牛顿（Newton，1642—1727）更发见引力之公例，而天文学成立。自梅斯纳（Mersenne，1588—1648）、斯耐尔（Snell，1591—1628）发明声学光学之公例，齐贝尔（Gilbert）发见磁学公例，而物理学以渐成立。波埃尔（Rober Boyle，1627—1691）规定原子之概念而化学以渐成立。哈尔佛（Harvey，1578—1657）发见血液循环之系统，而生理学以渐成立。李蕭（Linne，1707—1778）新定植物系统而植物学成立。屈维野（Cuvier，1769—1832）创比较解剖学，研求动物自然系统，而动物学成立。凡自然现象，自昔为哲学所包含者，皆已建立为科学矣。而精神现象之学，如心理学者，近已用实验之法，组织为科学，发起于韦贝尔（F. H. Weber，1795—1878）、费希纳（Fechner，1801—1887）。而成立于冯德（Wundt）由是而演出者，则有费希纳之归纳法美学，及马曼（Menmamr）之实验教育学，亦将离哲学而独立。其他若社会学，若伦理学，若人类学，若比较宗教学，若比较言语学等，凡昔日之附丽于哲学而以演绎法治之者，至于今日，悉为归纳法治之，而将自成为科学。然则所遗留而为哲学之范围者何耶？

于是郎革（Albert Lange）以为将来之哲学，有思想的文学而已；而海该尔之徒，则以为将来之哲学，不过哲学史耳。夫文学必含哲理，在今日已为显著之事实；新哲学之发生，必胚胎于思想的历史之总和，不能不以哲学史为哲学之大本营，亦事实也。然哲学之各部分，虽已分演而为各科学，而哲学之任务，则尚不止于前述之二端。约举之有三。一曰各科哲学：如应用数学之公例以言哲理，谓之数理哲学；应用生理学之公例以言哲学，则为生理哲学等是也。二曰综合各种科学：如合各种自然科学之公例而去其龃龉，通其隔阂，以构为哲学者，是为自然哲学；又各以自然科学所得之公例，应用于精神科学，又合自然科学及精神科学之公例而论定为最高之原理，如孔德（Auguste Comte）之实证哲学，斯宾赛尔（Herbert Spencer）之综合哲学原理是也。三曰玄学：一方面基础于种种科学所综合之原理，一方面又基础于哲学史所包含之渐进的思想，而对于此方面所未解决之各问题，以新说解答之，如别格逊（Henri Bergron）之创造的进化论其例也。夫各科哲理与综合各种科学，尚介乎科学与哲学之间；惟玄学始超乎科学之上。然科学发达以后之玄学，与科学幼稚时代之玄学较然不同，是亦可以观哲学与科学之相得而益彰矣。

大战与哲学

（七年六月间作）

现在欧洲的大战争，是法国革命后世界上最大的事。考法国革命，很受卢梭、伏尔得、孟德斯鸠诸氏学说的影响。但这等学说，都是主张自由平等，替平民争气的；在贵族一方面，全仗向来占踞的地盘，并没有何等学理可替他辩护了。现今欧战是国与国的战争。每一国有他特别的政策，便有他特别相关的学说。我今举三种学说作代表，并且用三方面的政策来证明他：

第一是尼采（Nietzsche）的强权主义，用德国的政策证明他；第二是托尔斯泰（Tolstoj）的无抵抗主义，用俄国过激派政策证明他；第三是克罗巴金（Kropotkin）的互助主义，用协商国政策证明他。考尼氏、托氏、克氏的学说，都是无政府主义，现在却为各国政府所利用。这是过渡时代的现象呵！

古今学者，没有不把克己爱人当美德的。希腊时代的诡辩派，虽对于普通人的道德有怀疑的论调，但也是消极的批评罢了。到一千八百四十五年有一德国人约翰，加派·斯密德（Johon karpor sclrmidt）发行一书叫作《个人与他的所有》（*Der Emjige und seiuEigentun*）专说"利己论"。他说："我的就是善的，'我'就是我的善物。善呵，恶呵，与我有什么相干？神的是神的，人类的是人类的。要是我的，就不是神的，也不是人类的。也没有什么真的，苦的，正义的，自由的，就是我的。那就不是普通的是单独的。"他又说："于我是正的，就是正。我以外没有什么正的。就是于别人觉得有点不很正的，那是别人应注意的事，于我何干？设有一事，于全世界算是不正的，但于我是正的，因是我所欲的，那就我也不去问那全世界了。"这真是大胆的判断呵！到了十九纪的后半纪，尼采始渐渐发布他个性强权论，有《察拉都斯遗语》（Also sprach Zarathustra）、《善恶的那一面》（Jenseits von gut und Dose）、《意志向着威权》（Der wille zur macht）等著作。他把人类行为，分作两类：凡阴柔的，如谦逊、怜爱等，都叫作奴隶的道德；凡阳刚的，如勇敢、矜贵、活泼等，都叫作主人的道德。他最反对的，是怜爱小弱，所以说，"怜爱是大愚"，"上帝死了，因为他怜爱人，所以死了"。他的理论，以为进化的例，在乎汰弱留强。强的中间有更强的，也被淘汰。逐层淘汰，便能进步。若强的要保护弱的，弱的就分了强的生活力，强的便变了弱的。弱的愈多，强的愈少，便渐渐的退化了。所以他提出"超人"的名目，又举出模范的人物，如雅典的亚尔西巴德（Alcibiades）、罗马的该撒（Caesar）、意大利的该撒波尔惹亚（Cesare borgia）、德国的鞠台（Goethe）与毕斯麦克（Bismarch）。他又说此等超人，必在主人的民族中发生，这是属于亚利安人种的。他所说的超人，既然是强中的强，所以主张奋斗。他说："没有工作，止有战斗；没有和平，止有胜利。"他的世界观，所以完全是个意志，又完全是个向着威权的意志。所以他说："没有法律，没有秩序。"他的主义是贵族的，不是平民的，所以为德国贵族的政府所利用，实做军国主义。又大唱"德意志超越一切"（Deutsche uber alles），就是超人的主义。侵略比利时，勒索巨款；杀戮妇女，防他生育；断男儿的左手，防他执军器；于退兵时拔尽地力，焚毁村落，叫他不易恢复：就是不怜爱的主义。条约就是废纸，便是没有法律的主义。统观战争时代的德国政策，几没有不与尼氏学说相应的，不过尼氏不信上帝，德皇乃常常说"上帝在我们"，又说"上帝应罚英国"，小小的不同罢了。

与尼氏极端相反的学说，便是托氏。托氏是笃信基督教的，但是基督教的仪式，完全不要，单提倡那精神不灭的主义。他编有《福音简说》十二章，把基督所说五戒反复说明：第一是绝对不许杀人，第四是受人侮时不许效尤报复，第五是博爱人类，没有国界与种界。他的意思，以为人侮我，不过侮及我的肉体，并没有侮及我的精神，但他的精神是受了侮人的污点，我很怜惜他罢了。若是我用着用眼报眼，用手报手的手段去对付他，是我不但不能洗刷他的精神，反把我自己的精神也污蔑了。所以有一条说："有人侮你，你就自己劝他；劝了不听，你就请两三个人同劝他；劝了又不听，就再请公众劝他；劝了又不听，你只好恕他了。"这是何等宽容呵！《新约福音》书中曾说道："有人掌你右颊，你就把左颊向着他。有人夺你外衣，你就把里衣给他。"这几句话，有"成人之恶"的嫌疑，所以托氏没有采入《简说》中。托氏抱定这个主义，所以绝对的反对战争：不但反对侵略的战，并且反对防御的战。所以他绝对的劝人不要当兵。他曾与中国一个保守派学者通讯，大意说，中国人忍耐的许久了忽然要学欧洲人的暴行，实在可惜，云云。所以照托氏的眼光看来，此次大战争，不但德国人不是，便是比、法、俄、英等国人，也都没有是处。托氏的主义，在欧洲流行颇广，俄境尤甚。过激派首领列宁（Lenine）等本来是抱共产主义，与托氏相同，自然也抱无抵抗主义，所以与德人单独讲和，不愿与协商国共同作战了。在协商国方面的人，恨他背约。在俄国他党的人，恨他不爱国，所以诋他为德探。但列宁意中，本没有国界，本不能责他爱国。至于他受德国人的利用，他也知道。他曾说："军事上虽为德人所胜，主义上终胜德人。"就说是，他的主义既在俄国实演，德国人必不能不受影响。这是他的真心话。但我想，托氏的主义，专为个人自由行动而设。若一国的人，信仰不同，有权的人把国家当作个人去试他的主义，这与托氏本义冲突。过激派实是误用托氏主义，后来又用兵力来压制异党，乃更犯了托氏所反复说明之第一第四两戒了。

现在误用托氏主义的俄人失败了，专用尼氏主义的德人也要失败了，最后的胜利，就在协商国。协商国所用的，就是克氏的互助主义。互助主义，是进化论的一条公例。在达尔文的进化论中，本兼有竞存与互助两条假定义。但他所列的证据，是竞存一方面较多。继达氏的学者，遂多说互竞的必要。如前举尼氏的学说，就是专以互竞为进化条件的。一千八百八十年顷，俄国圣彼得堡著名动物学教授开勒氏（Kesster）于俄国自然科学讨论会提出"互助法"，以为自然法中，久存与进步，并不在互竞而实在互助。从此以后，爱斯彼奈（Espinas）、赖耐桑（L. L. Lanessan）、布斯耐（Lovis buchner）、沙克尔（Huxley）、德普蒙（Henry Drummond）、苏退隆（Sutherland）诸氏，都有著作，可以证明互助的公例。克氏集众说的大成，又加以自己历史的研究，于一千八百九十年公布动物的互助，于九十一年，公布野蛮人的互助，九十二年公布未开化人的互助，九十四年公布中古时代自治都市之互助，九十六年公布新时代之互助，于一千九百零二年成书。于动物中，列举昆虫鸟兽等互助的证据。此后各章，从野蛮人到文明人，列举各种互助的证据。于最后一章，列举同盟罢工、公社、慈善事业，种种实例，较之其他进化学家所举"互竞"的实例，更为繁密了。在克氏本是无政府党，于国家主义，本非绝对赞同，但互助的公例，并非不可应用于国际。欧战开始，法比等国，平日抱反对军备主义的，都愿服兵役以御德人。克氏亦尝宣言，主张以群力打破德国的军国主义。后来德国运动俄法等国单独讲和，克氏又与他的同志，叫作"开明的无政府党"的联合宣言，主张打破德国的军国主义，不可讲和。可见克氏的互助主义，主张联合众弱，抵抗强权，叫强的永不能凌弱的，不但人与人如是，即国与国亦如是了。现今欧战的结果，就给互助主义增了最大的证据。德国四十年中，扩张军备，广布间谍，他的侵略政策，本人人皆知的了。且英法等国，均自知单独与德国开战，必难幸胜，所以早有英法协商、俄法协商等预备，就是互助的基本。到开战时，德国首先破坏比国的中立。那时比国要是用托氏的无抵抗主义，竟让德兵过去攻击法国，英法等国，难免措手不及了。幸而比国竟敢与德国抵抗，使英法等国，有从容预备的时期。俄国从奥国与东普鲁士方面竭力进攻，给德国不能用全力攻法。这就是互助的起点。后来俄国与德国单独讲和，更有美国加入，输军队，输粮食，东亚方面，有日本舰队，巡弋海面，有中国工人到法国助制军火。靠这些互助的事实，总能把德人的军国主义逐渐打破。现在德人已经承认美总统所提议的十四条，又允撤退比法境内的军队。互助主义的成效，已经彰明较著了。此次平和以后，各国必能减杀军备，自由贸易，把一切互竞的准备撤消，将合全世界实行互助的主义。克氏当尚能目睹的。照此看来，欧战的结果，就使我们对于尼氏、托氏、克氏三种哲学，很容易辨别了。我国旧哲学中，与尼氏相类的，止有《列子》的《杨朱篇》，但并非杨氏"为我"的本意（拙作《中国伦理学史》中曾辨过的）。托氏主义，道家、儒家均有道及的，如曾子说"犯而不校"，孟子说的三"自反"，老子说的"三宝"，是很相近的。人人都说我们民族的积弱，都是中了受这种学说毒，也是"持之有故"。我们尚不到全体信仰精神世界的程度，止可用"各尊所闻"之例罢了。至于互助的条件，如孟子说的"多助之至，天下顺之。寡助之至，亲戚畔之"，"不通功易事，则农有余粟，女有余布"。普通人常说的"家不和，被邻欺"，"群策群力"，"众擎易举"，都是很对的。此后就望大家照这主义进行，自不愁不进化了。

黑暗与光明的消长

　　我们为什么开这个演说大会？因为大学职员的责任，并不是专教几个学生，更要设法给人人都受一点大学的教育。在外国叫作平民大学。这一回的演说会，就是我国平民大学的起点。

　　但我们的演说大会，何以开在这个时候呢？现在正是协约国战胜德国的消息传来，北京的人，都高兴的了不得。请教为什么要这样高兴？怕有许多人答不上来。所以我们趁此机会，同大家说说高兴的缘故。

　　诸君不记得波斯拜火教的起原么？他用黑暗来比一切有害于人类的事，用光明来比一切有益于人类的事，所以说世界上有黑暗的神与光明的神相斗，光明必占胜利。这真是世界进化的状态。但是黑暗与光明，程度有浅深，范围也有大小。譬如北京道路，从前没有路灯，行路的人，必要手持纸灯，那时候光明的程度很浅，范围很小；后来有公设的煤油灯，就进一步了；近来有电灯汽灯，光明的程度更高了，范围更广了。世界的进化也如此。距今一百三十年前的法国大革命，把国内政治上一切不平等黑暗主义都消灭了；现在世界大战争的结果，协约国占了胜利，定要把国际间一切不平等的黑暗主义都消灭了，别用光明主义来代他。所以全世界的人，除了德奥的贵族以外，没有不高兴的。请提出几个交换的主义作个例证：

第一是黑暗的强权论消灭，光明的互助论发展。 从陆谟克、达尔文等发明生物进化论后，就演出两种主义：一是说生物的进化全恃互竞，弱的竞不过，就被淘汰了，凡是存的都是强的，所以世界止有强权，没有公理；一是说生物的进化全恃互助，无论甚么强，要是孤立了没有不失败的。但看地底发见的大鸟大兽的骨，他们生存时何尝不强，但久已灭种了。无论甚么弱，要是合群互助，没有不能支持，但看蜂蚁也算比较的弱极了，现在全世界都有这两种动物。可见生物进化，恃互助不恃强权。此次大战，德国是强权论代表；协商国互相协商，抵抗德国，是互助论的代表。德国失败了。协商国胜利了。此后人人都信仰互助论，排斥强权论了。

第二是阴谋派消灭，正义派发展。 德国从拿破仑时受军备限制，创为更番操练的方法，得了全国皆兵的效果：一战胜奥，再战胜法。这是已往时代，彼此都恃阴谋，不恃正义，自然阴谋程度较高的占胜了。但德国竟因此抱了个阴谋万能的迷信，遍布密探。凡德国人在他国作商人的，都负有侦探的义务。旅馆的侍者，菌圃的装置，是最著名的了。德国恃有此等侦探，把各国政策军备，都知道详细，随时密制那相当的大炮、潜艇、飞艇、飞机等。自以为所向无敌了，遂敢唾弃正义，斥条约为废纸，横行无忌。不意破坏比利时中立后，英国立刻与之宣战；宣告无限制潜艇政策后，美国又与之宣战；其他中立等国，也陆续加入协商国中。德国因寡助的缺点，空费了四十年的预备，终归失败。从此人人知道阴谋的时代早已过去，正义的力量真是万能了。

第三是武断主义消灭，平民主义发展。 从美国独立、法国革命后，世界已增了许多共和国。国民虽知道共和国的幸福，然野心的政治家，很嫌他不便。他们看着各共和国中，法美两国最大，但是这两国的军备，都不及德国的强盛，两国的外交又不及俄国的活泼，遂杜撰一个开明专制的名词，说是"国际间存立的要素，全恃军备与外交。军备与外交，全恃武断的政府。此后世界全在德系、俄系的掌握，共和国的首领者法若美且站不住，别的更不容说了"。不意开战以后，俄国的战斗力乃远不及法国，转因外交狡猾的缘故，貌亲英法，阴实亲德，激成国民的反动，推倒皇室，改为共和国了。德国虽然多挣了几年，现在因军事的失败，喝破国民崇拜皇室的迷信，也起革命，要改共和国了。法国是大战争的当冲，美国是最新的后援。共和国的军队，便是胜利的要素。法国、美国，都说是为正义人道而战，所以能结合十个协商的国。自俄国外，虽受了德国种种的诱惑，从没有单独讲和的。共和国的外交，也是这一回胜利的要素。现在美总统提出的十四条，有限制军备、公开外交等项，就要把德系、俄系的政策根本取消。这就是武断主义的末日，平民主义的新纪元了。

第四是黑暗的种族偏见消灭，大同主义发展。野蛮人止知有自己的家族，见异族的人同禽兽一样，所以有食人的风俗。文化渐进，眼界渐宽，始有人类平等的观念。但是劣根性尚未消尽，德国人尤甚。他们看黑色人种不能与白色人种平等，所以唱黄祸论，行铁拳政策，看犹太、波兰等民族不能与亚利安民族平等，所以限制他人权。彼等又看拉丁民族，盎格鲁撒逊民族又不能与日耳曼民族平等，所以唱"德意志超过一切"，想先管理全欧然后管理全世界。此次大战争，便是这等迷信酿成的。现今不是已经失败了么？更看协商国一方面，不但白种的各民族团结一致，便是黄人黑人也都加入战团，或尽力战争需要的丁作。义务平等，所以权利也渐渐平等。如爱兰的自治，波兰的恢复，印度民权的申张，美境黑人权利的提高，都已成了问题。美总统所提出的民族自决主义，更可包括一切。现今不是已占胜利了么？这岂不是大同主义发展的机会么？

世界的大势，已到这个程度，我们不能逃在这个世界以外，自然随大势而趋了。我希望国内持强权论的，崇拜武断主义的，好弄阴谋的，执著偏见想用一派势力统治全国的，都快快抛弃了这种黑暗主义，向光明方面去呵！

洪水与猛兽

二千二百年前，中国有个哲学家孟轲，他说国家的历史，常是"一治一乱"的。他说第一次大乱，是四千二百年前的洪水。第二次大乱，是三千年前的猛兽。后来说到他那时候的大乱，是杨朱、墨翟的学说。他又把自己的距杨墨，比较禹的抑洪水、周公的驱猛兽。所以崇奉他的人，就说杨墨之害，甚于洪水猛兽。后来一个学者，要是攻击别种学说，总是袭用"甚于洪水猛兽"这句话。譬如唐宋儒家攻击佛老，用他。清朝程朱派攻击陆王派，也用他。现在旧派攻击新派，也用他。

我以为用洪水来比新思潮，很有几分相像。他的来势很勇猛，把旧日的习惯冲破了，总有一部的人感受痛苦，仿佛水源太旺，旧有的河槽，不能容受他，就泛滥岸上，把田庐都扫荡了。对付洪水，要是如鲧的用湮法，便愈湮愈决，不可收拾。所以禹改用导法，这些水归了江河，不但无害，反有灌溉之利了。对付新思潮，也要舍湮法用导法，让他自由发展，定是有利无害的。孟氏谓"禹之治水，行其所无事"，这正是旧派对付新派的好方法。

至于猛兽，恰好作军阀的写照。孟氏引公明仪的话："庖有肥肉，厩有肥马，民有饥色，野有饿莩，此率兽而食人也。"现在军阀的要人，都有几千万的家产，奢侈的了不得；别种好好作工的人，穷的饿死；这不是率兽食人的样子么？现在天津、北京的军人，受了要人的指使，乱打爱国的青年，岂不明明是猛兽的派头么？

所以中国现在的状况，可算洪水与猛兽竞争。要是有人能把猛兽驯伏了，来帮同疏导洪水，那中国就立刻太平了。

美术的起原

美术有狭义的，广义的。狭义的，是专指建筑、造象（雕刻）、图画与工艺美术（包装饰品等）等。广义的，是于上列各种美术外，又包含文学、音乐、舞蹈等。西洋人著的美术史，用狭义；美学或美术学，用广义。现在所讲的也用广义。

美术的分类，各家不同。今用 Fechner 与 Grasse 等说，分作动静两类：静的是空间的关系，动的是时间的关系。静的美术，普通也用图象美术的名词作范围。他的托始，是一种装饰品。最早的在身体上，其次在用具上，就是图案；又其次乃有独立的图象，就是造象与绘画。由静的美术，过渡到动的美术，是舞蹈，可算是活的图象。在低级民族，舞蹈时候，都有唱歌与器乐，我们就不免联想到诗韵与音乐。舞蹈、诗歌、音乐，都是动的美术。

我们要考求这些美术的起原，从那里下手呢？照进化学的结论，人类是从他种动物进化的。我们一定要考究动物，是否有创造美术的能力？我们知道：植物有美丽的花，可以引诱虫类，助他播种。我们知道：动物界有雌雄淘汰的公例，雄的动物，往往有特别美丽的毛羽，可以诱导雌的，才能传种。动物已有美感，是无可疑的。但是这些动物，果有自己制造美术的能力么？有些美学家，说美术的冲动，起于游戏的冲动。动物有游戏冲动，可以公认。但是说到美术上的创造力，却与游戏不同。动物果有创造力么？有多数能歌的鸟，如黄莺等，很可以比我们的音乐。中国古书，如《吕氏春秋》等，还说"伶伦取竹制十二筒，听凤凰之鸣，以别十二律"云云，似乎音乐与歌鸟，很有关系。但他们是否是有意识的歌？无从证明。图象美术里面，造象绘画，是动物界绝对没有的。惟有造巢的能力，很可以与我们的建筑术竞胜。近来如 I. Rennie 著的 *Die Baukunst der Tiere*，如 T. Harting 著的 *De BouwkunstderDieren*，如 I. G. Wood 著的 *Homes Without Hands*，如 L. Büchner 著的 *Aus dem Geistesleben der Tiere*，如 G. Romanes 著的 *Animal Intelligence*，都对于动物造巢的技术，很多记述。就中最特别的，如蜜蜂的造窠，多数六角形小舍，合成圆穹形。蚁的垤，造成三十层到四十层的楼房，每层用十寸多长的支柱支起来；大厅的顶，于中央构成螺旋式，用十字式木材撑住。非洲的白蚁，有垤上构塔，高至五六迈当的；垤内分作堂、室、甬道等。美洲有一种海狸，在水滨造巢，两方入口都深入严冬不冻的水际；要巢旁的水，保持常度，掘一小池泄过量的水：并设有水门与沟渠。印度与南非都有一种织鸟，他们的巢是用木茎织成的。有一种缝鸟用植物的纤维，或偶然拾得人类所弃的线，缝大叶作巢；线的首尾都打一个结。在东印度与意大利，都有一种缝鸟，所用的线，是采了棉花，用喙纺成的。澳洲的叶鸟（造巢如叶）在住所以外，别设一个舞蹈厅。地基与各面，都用树枝交互织成；为免内面的不平坦，把那两端相交的叉形都向着外面。又搜集了许多陈列品，都是选那色彩鲜明的，如别的鸟类的毛羽、人用布帛的零片、闪光的小石与螺壳：或用树枝分架起来，或散布在入口的地面。这些都不能不认为一种的技术。但严格的考核起来，造巢的本能，恐还是生存上需要的条件。就是平齐、圆穹等等，虽很合美的形式，未必不是为便于出入回旋起见。要是动物果有创造美术的能力，必能一代一代的进步；今既绝对不然，所以说到美术，不能不说是人类独占的了。

考求人类最早的美术，从两方面着手：一、是古代未开化民族所造的，是古物学的材料。二、是现代未开化民族所造的，是人类学的材料。

人类学所得的材料，包动静两类。古物学是偏于静的，且往往有脱节处。不是借助人类学，不容易了解。所以考求美术的原始，要用现代未开化民族的作品作主要材料。

现代未开化的民族，除欧洲外，各洲都还有。在亚洲有 Andamanen 群岛的 Mincopie 人，锡兰东部的 Veddha 人，与西伯利亚北部的 Tchuktschen 人。在非洲有 Kalahari 的 Buschmänner。在美洲，北有 Arkisch 的 Eskimo 人、Aleüten 的土人，南有 Feuerländer 群岛的土人、Brasilien 民国的 Botokuden 人。在澳洲有各地的土人。都是供给材料给我们的。

现在讲初民的美术，从静的美术起，先讲装饰。

从前达尔文遇着一个 Feuerländer 人，送他一方红布，看他作什么用。他并不制衣服，把这布撕成细条儿，送给同族，作身上的装饰。后来遇着澳洲土人，试试他，也是这个样子。除了 Eskimo 人，非衣服不能御寒外，其余初民，大抵看装饰，比衣服要紧得多。

装饰可分固着的、活动的两种：固着的，是身上刻文，及穿耳、镶唇等；活动的，是巾、带、环、镯等。活动的装饰里面。最简单的是画身。这又与几种固着的装饰有关系，恐是最早的装饰。

除了 Eskimo 人，非全身盖护，不能御寒外，其余未开化民族，没有不画身的。澳洲土人旅行时，携一个袋鼠皮的行囊，里面必有红、黄、白三种颜料。每日必要在面部、肩部、胸部，点几点。最特殊的，是 Botokuden 人：有时除面部、臂部、胫部外，全身涂成黑色，用红色画一条界线在边上。或自顶至踵，平分左右；一半画黑色，一半不画。其余各民族画身的习惯，大略如下。

画上去的颜色：是红、黄、白、黑，四种；红、黄，最多。

所画的花样：是点、直线、曲线、十字、交叉纹等；眼边多用白色画圆圈。

所画的部位：是在额、面、项、肩、背、胸、四肢等，或全身。

画的时期：除前述澳洲土人每日略画外，童子成丁祝典、舞蹈会、丧期，均特别注意，如文明人着礼服的样子。也有在死人身上画的。

现在妇女用脂粉，外国马戏的小丑抹脸；中国唱戏的讲究脸谱，怕都是野蛮人画身的习惯遗传下来的。

他们为画的容易脱去，所以又有瘢痕与雕纹两种。暗色的澳洲土人，与 Mincopie 人，是专用瘢痕的。黄色的 Buschmänner，古铜色的 Eskimo，是专用雕纹的。

瘢痕是用火石、蚌壳，或最古的刀类，在皮肤上，或肉际，割破。等他收口了，用一种灰白色颜料涂上去。有几处土人，要他瘢痕大一点，就从新创时起，时时把颜料填上去，或用一种植物的质渗进去。

瘢痕的式样：是点、直线、曲线、马蹄形、半月形等。

所在的地位：是面、胸、背、臂、股等。

时期：澳人自童子成丁的节日割起，随年岁加增。Mincopie 人，自八岁起；十六岁或十八岁就完了。

雕纹是在雕过的部位，用一种研碎的颜料渗上去，也有用烟煤或火药的。经一次发炎，等全愈了，就现出永不褪的深蓝色。

雕纹的花样：在 Buschmänner 还简单，不过刻几条短的直线。Eskimo 人的就复杂了。有曲线，有交叉纹，或用多数平行线作扇面式，或作平行线与平列点，并在其间，作屈曲线，或多数正方形。

所雕的部位，是在面、肩、胸、腰、臂、胫等。

雕纹的流行，比瘢痕广而且久。《礼记·王制篇》："东方曰夷，被发文身。……南方曰蛮，雕题交趾。"《疏说》："题，额也。谓以丹青雕题其额。"是当时东南两方的蛮人，都有雕文的习惯。又《史记·吴太伯世家》："太伯、仲雍二人，乃奔荆蛮，文身断发。"应劭说："常在水中，断其发，文其身，以象龙子，故不见伤害。"墨子说："勾践剪发文身以治其国。"庄子说："宋人资章甫以适越，越人断发文身，无所用之。"似乎自商季至周季，越人总是有雕文的。《水浒传》里的史进，身上绣成九条龙。是宋元时代还有用雕文的。听说日本人至今还有。欧洲充水手的人，也有臂上雕纹的。我于一九〇八年，在德国 Leipzig 的年市场，见两个德国女子，用身上雕纹，售票纵观。我还藏着他们两人的摄影片。可见这种装饰，文明民族里面，也还不免呢。

Botokuden 人没有瘢痕，也没有雕纹，却有一种性质相近的固着装饰：就是唇耳上的木塞子。这就叫作 Botopue，怕就是他们族名的缘起。他们小孩子七八岁，就在下唇与耳端穿一个扣状的孔，镶了软木的圆片。过多少时，渐渐儿扩大，直到直径四寸为止。就是有瘢痕或雕纹的民族，也有这一类的装饰：如 Buschmänner 的唇下镶木片，或象牙，或蛤壳，或石块；澳人鼻端穿小棍或环子：Eskimo 人耳端挂环子。耳环的装饰，一直到文明社会，也还不免。

从固定的装饰过渡到活动的，是发饰。各民族有剪去一部分的；有编成辫子，用象牙环、古铜环，束起来的；有编成发束，用兔尾、鸟羽，或金属扣，作饰的；有用赭石和了油或用蜡涂上，堆成饼状的。现在满洲人的垂辫，全世界女子的梳髻，都是初民发饰的遗传。

头上活动的装饰，是头巾。凡是游猎民族，除 Eskimo 外，没有不裹头巾的。最简单的用 Pandance 的叶卷成。别种或用皮条，或用袋鼠毛、植物纤维，编成。或用鸵鸟羽、鹰羽、七弦琴尾鸟羽。熊耳毛，束成。或用新鲜的木料，刻作鸟羽形，带起来。或用绳子穿黑的浆果与白的猴牙相间。或用草带缀一个鸵鸟蛋的壳，又插上鸟羽。或用袋鼠牙两小串，分挂两额。或用麻缕编成网式的头巾，又从左耳至右耳，插上黄色或白色鹦鹉羽编成的扇。且有头上戴一只鹭鸟，或一只乌鸦的。各种民族的冠巾，与现今欧美妇女冠上的鸟羽或鸟的外廓，都是从初民的头巾演成的。

其次颈饰：有木叶卷成的，或海狗皮切成的带子。有用植物纤维织成的，或兽毛织成的绳子。绳子上串的，是 Mangrove 树的子、红珊瑚、螺壳、玳瑁、鸟羽、兽骨、兽牙等，也有用人指骨的。满洲人所用的朝珠，与欧美妇女所用的颈饰，都是这一类。

其次腰饰：也有带子，用树叶、兽皮制成的；或是绳子，用植物纤维或人发编成的。绳子上往往系有腰褂：有用树叶编成的；有用鸵鸟羽，或蝙蝠毛，或松鼠毛，束成的；有用短丝一排的；有用羚羊皮碎条一排，并缀上珠子或卵壳的。吾国周时有大带、素带等，唐以后，且有金带、银带、玉带等，现今军服也用革带，都起于初民的带子。又古人解说市字（即黻字），说人类先知蔽前，后知蔽后，似是起于羞耻的意识。但观未开化民族所用的腰褋，多用碎条，并没有遮蔽的作用。且澳洲男女合组的舞蹈会，未婚的女子有腰褋，已婚的不用。遇着一种不纯洁的会，妇人也系鸟羽编成的腰褋。有许多旅行家，说此等饰物，实因平日裸体，恬不为怪，正借饰物为刺激，与羞耻意识的说明恰相反。

至于四肢的装饰，是在臂上、胫上，系着与颈饰同样的带子，或绳子。后来稍稍进化一点的民族，才带镯子。

上头所说的颈饰、腰饰等等，Eskimo 都是没有的。他们的装饰品，是衣服：有裘，有衣缝上缀着的皮条、兽牙、骨类、金类制成的珠子、古铜的小钟。男子有一种上衣，在后面特别加长，很像兽尾。

综观初民身上的装饰，他们最认为有价值的，就是光彩。所以 Feuerländer 人见了玻片，就拿去作颈饰。Buschmänner 得了铜铁的环，算是幸福。他们没有工艺，得不到文明民族最光彩的装饰品。但是自然界有许多供给：如海滩上的螺壳，林木上的果实与枝茎，动物的毛羽与齿牙，他们也很满足了。

他们所用的颜色：第一是红。Goethe 曾说，红色为最能激动感情。所以初民很喜欢他。就是中国人古代尚绯衣，清朝尊红顶，也是这个缘故。其次是黄，又其次是白是黑，大约冷色是很少选用。止有 Eskimo 人的唇钮，用绿色宝石，是很难得的。他们的选用颜色，与肤色很有关系。肤色黑暗的，喜用鲜明的色：所以澳人与 Mincopie 人用白色画身，澳人又用袋鼠白牙作颈饰。肤色鲜明的，喜用黑暗之色：所以 Feuerländer 人用黑色画身，Buschmänner 人用暗色珠子作饰品。

用鸟羽作饰品，不但取他的光彩与颜色，又取他的形式。因为他在静止的时候，仍有流动的感态。自原人时代，直到现在的文明社会，永远占着饰品的资格。其次螺壳：因为他的自然形式，很像用精细人工制成的，所以初民很喜欢他。但在文明社会，只作陈列品的加饰了。

初民的饰品，都是自然界供给，因为他们还没有制造美术品的能力。

但是他们已不是纯任自然，他们也根据着美的观念，加过一番工夫。他们把毛皮切成条子，把兽牙木果等排成串子，把鸟羽编成束子，或扇形，结在头上，都含有美术的条件；就是均齐与节奏。第一条件，是从官肢的性质上来的：第二条件，是从饰品的性质上得来的。因为人的官肢，是左右均齐，所以遇着饰品，也爱均齐。要是例外的不均齐，就觉得可笑或可惊了。身上的瘢痕与雕纹，偶有不均齐的，这不是他们不爱均齐，是他们美术思想最幼稚的时代，还没有见到均齐的美处。节奏也不是开始就见到的，是他们把兽牙或螺壳等在一条绳子上串起来，渐渐儿看出节奏的关系了。Botokuden 人用黑的浆果与白的兽牙相间的串上，就是表示节奏的美丽。不过这还是两种原质的更换，别种兽牙与螺壳的排列法，或利用质料的差别，或利用颜色与大小的差别，也有很复杂的。

身上刻画的花纹，与颈饰腰饰上兽牙螺壳的排列法。都是图案一类；但都是附属在身上的。到他们的心量渐广，美的观念，寄托在身外的物品，才有器具上的图案。

他们有图案的器具，是盾、棍、刀、枪、弓、投射器、舟、橹、陶器、桶柄、箭袋、针袋等。

图案有用红、黄、白、黑、棕、蓝等颜料画的，有刻出的。

图案的花样：是点、直线、曲屈线、波纹线、十字、交叉线、三角形、方形、斜方形、卍字纹、圆形，或圆形中加点等。也有写蝙蝠、蜥蜴、蛇、鱼、鹿、海豹等全形的。写动物全形，自是摹拟自然。就是形学式的图案，也是用自然物或工艺品作模范：譬如十字是一种蜥蜴的花纹；梳形是一种蜂窠的凸纹；曲屈线相联，中狭旁广的，是一种蝙蝠的花纹；双层曲屈线，中有直线的，是蝮蛇的花纹；双钩卍字，是 Cassinauhe 蛇的花纹；浪纹参黑点的，是 Anaconda 蛇的花纹；菱形参填黑的四角形的，是 Lagunen 鱼的花纹。其余可以类推。因为他们所摹拟的，是动物的一部分，所以不容易推求。至于所摹拟的工艺品，是编物：最简单的陶器，勒出平行线、斜方线，都像编纹；有时在长枪上摹拟草篮的花纹，在盾上、棍上摹拟带纹、结纹。也有人说，陶器上的花纹，是怕他过于光滑，不易把持，所以刻上的。又有联想的关系，因陶器的发明，在编物以后，所以瓶釜一类，用筐篮作模范。军器的锋刃，最早是用绳或带系缚在柄上，后来有胶法嵌法了，但是绳带的联想仍在，所以画起来或刻起来了。Freiburg的博物院中，有两条澳人的枪。他们的锋，一是用绳缚住的，一是用树胶黏住的。但是黏住的一条，也画上绳的样子，与那一条很相像。这就是联想作用的证据。但不论为把持的便利，或为联想的关系，他们既然刻画得很精致，那就是美术的作用。

初民的图案，又很容易与几种实用的记号相混：如文字，如所有权标志，如家族徽章，如宗教上或魔术上的符号，都是。但是排列得很匀称的，就不见得是文字与标志。描画得详细，不是单有轮廓的，就不见得是符号。不是一家族的在一种器具上同有的，就不见得是徽章。又参考他们土人的说明，自然容易辨别了。

图案上美的条件，第一是节奏。单简的，是用一种花样，重复了若干次。复杂的，是用两种以上的花样，重复了若干次。就是文明民族的图案，也是这样。第二是均齐。初民的图案，均齐的固然很多，不均齐的也很不少。例如澳人的三个狭盾，一个是在双弧线中间填曲屈线，左右同数，是均齐的。他一个，是两方均用双钩的曲屈线，但一端三数，一端四数。又一个，是两方均用Ⴧ纹，但一方二数，一方三数。为什么两方不同数？因为有一种动物的体纹是这样，他们纯粹是摹拟主义，所以不求均齐了。

图案的取材，全是人与动物，没有兼及植物。因为游猎民族，用猎得的动物作经济上的主要品。他们妇女虽亦捃拾植物，但作为副品，并不十分注意。所以刻画的时候，竟没有想到。

图案里面，有描出动物全体的，这就是图画的发端。Eskimo人骨制的箭袋，竟雕成鹿形。又有两个针袋，一个是鱼形，又一个是海豹形。这就是造象的发端。

造象术是寒带的民族擅长一点儿。如Hyperborä人有骨制的人形、鱼形、海狗形等；Alëuten人有鱼形、狐形等；Eskimo人有海狗形等：都雕得颇精工，不是别种游猎民族所有的。

图画是各民族都很发达。但寒带的人，是刻在海象牙上；或用油调了红的粘土、黑的煤，画在海象皮上。所画的除动物形外，多是人生的状况：如雪舍、皮幕、行皮船、乘狗橇、用权猎熊与海象等。据 Hildebrand 氏说，Tuhuktschen 人，曾画月球里的人；因为他画了一个戴厚帽的人，在一个圆圈的中心点。

别种游猎民族，如澳人、Buschmänner 人，都有摩崖的大幅。在鲜明的岩石上，就用各种颜色画上。在黑暗的岩壁上，先用坚石划纹，再填上鲜明的颜色。也有先用一种颜色填了底，再用别种颜色画上去的。澳人有在木制屋顶上，涂上烟煤，再用指甲作画的。又有在木制墓碑上，刻出图像的。

澳人用的颜色，以红、黄、白三种为主。黑的用木炭，蓝的不知出何等材料。调色用油。画好了，又用树胶涂上，叫他不褪。Buschmänner 人多用红、黄、棕、黑等色，间用绿色。调色用油，或血。

图画的内容，动物形象最多，如袋鼠、象、犀、麒麟、水牛、各种羚羊、鬣狗、马、猿猴、鸵鸟、吐绶鸡、蛇、鱼、蟹、蜥蜴、甲虫等。也画人生状况：如猎兽、刺鱼、逐鸵鸟及舞蹈会等。间亦画树，并画屋、船等。

澳人的图画，最特别的，是西北方，上 Glenelg 山洞里面的人物画。第一洞中，在斜面黑壁上，用白色画一个人的上半截。头上有帽，带着红色的短线。面上画的眼鼻很清楚，其余都缺了。口是澳人从来不画的。面白，眼圈黑。又用红线黄线，描他的外廓。两只垂下的手，画出指形。身上有许多细纹，或者是瘢痕，或是皮衣。在他的右边，又画了四个女子，都注视这个人。头上都带着深蓝色的首饰，有两个带发束。第二洞中，有一个侧面人头的画，长二尺，宽十六寸。第三洞中，有一个人的像，长十尺六寸。自额以下，全用红色外套裹着，仅露手足。头向外面，用圈形的巾子围着。这个像是用红、黄、白三色画的。面上止画两眼。头巾外圈，界作许多红线，又仿佛写上几个字似的。

Buschmänner 的图画，最特别的是 Hemon 相近山洞中的盗牛图。图中一个 Buschmänner 的村落，藏着盗来的牛。被盗的 Kaffern 人追来了。一部分的 Buschmänner 人，驱着牛逃往他处；多数的拿了弓箭来对抗敌人。最可注意的，是 Buschmänner 人，躯干虽小，画的筋力很强；Kaffern 人虽然长大，但筋力是弱的。画中对于实物的形状的动作，很能表现出来。

这些游猎民族，虽然不知道现在的直线配景与空气映景等法，但他们已注意于远近不同的排列法，大约用上下相次来表明前后相次，与埃及人一样。他们的写象实物，很有可惊的技能。（一）因为他们有锐利的观察，与确实的印象。（二）因为他们的主动机关，与感觉机关，适当的应用。这两种，都是游猎时代生存竞争上所必需的。

在图画与雕象两种以外，又有一种类似雕象的美术，是假面。是西北海滨红印度人的制品，是出于不羁的想象力；与上面所述写实派的雕象与图画，很有点不同。动物样子最多，作人面的，也很不自然，故作妖魔的形状。与西藏黄教的假面差不多。

初民的美术，最有大影响的是舞蹈。可分为两种：一种是操练式（体操式），一种是游戏式（演剧式）。操练式舞蹈，最普及的是澳人的 Corroborris。Mincopie 人与 Eskimo 人，也都有类此的舞蹈。他们的举行，最重要的，是在两族间战后讲和的时候。其他如果蓏成熟、牡蛎收获、猎收丰多、儿童成丁、新年、病愈、丧毕、军队出发、与别族开始联欢等，也随时举行。举行的地方，或丛林中空地，或在村舍；Eskimo 人有时在雪舍中间。他们的时间，总在月夜，又点上火炬，与月光相映。舞蹈的总是男子，女子别组歌队，别有看客。有一个指挥人，或用双棍相击，或足蹴发音盘，作舞蹈的节拍。他们的舞蹈，总是由缓到急。虽然到了最急烈的时候，但没有不按着节拍的。

别有女子的舞蹈，大约排成行列，用上身摇曳；或两胫展缩作姿势。比男子的舞蹈，静细得多了。

游戏式舞蹈，多有摹拟动物的，如袋鼠式、野犬式、鸵鸟式、蝶式、蛙式等。也有摹拟人生的，以爱情与战斗为最普通。澳人并有摇船式、死人复活式等。

舞蹈的快乐，是用一种运动发表他感情的冲刺。要是内部冲刺得非常，外部还要拘束，就觉得不快。所以不能不为适应感情的运动。但是这种运动，过度放任，很容易疲乏，由快感变为不快感了。所以不能不有一种规则。初民的舞蹈，无论活动到何等激烈，总是按着节奏：这是很合于美感上条件的。

舞蹈的快乐，一方面是舞人，又一方面是看客。舞人的快乐，从筋骨活动上发生。看客的快乐，从感情移入上发生。因看客有一种快乐，推想到拟人的鬼神也有这种感情，于是有宗教式舞蹈。宗教式舞蹈，大约各民族都是有的：但见诸记载的，现在还止有澳人。他们供奉的魔鬼，叫作Mindi，常有人在供奉他的地方，举行舞蹈。又有一种，在舞蹈的中间，擎出一个魔像的。总之舞蹈的起原，是专为娱乐，后来才组入宗教仪式：是可以推想出来的。

初民的舞蹈，多兼歌唱；歌唱的词句，就是诗。但他们独立的诗歌，也就不少。诗歌是一种语言，把个人内界或外界的感触，向着美的目标，用美的形式表示出来。所以诗歌可分作两大类：一是主观的，表示内界的感情与观念，就是表情诗（Lyrik）。一是客观的，表示外界的状况与事变，就是史诗与剧本。这两类都是用感情作要素，是从感情出来，仍影响到感情上去。

人类发表感情，最近的材料，与最自然的形式，是表情诗。他与语言最相近，用一种表情的语言，按着节奏慢慢儿念起来，就变为歌词了。《尚书》说："歌永言。"《礼记》说："言之不足，故长言之。长言之不足，故咏叹之。"就是这个意思。Ehrenreich 氏，曾说 Botokuden 人，在晚上，把昼间的感想咏叹起来，很有诗歌的意味。或说今日猎得很好，或说我们的首领是无畏的。他们每个人把这些话按着节奏的念起来，且再三的念起来。澳洲战士的歌，不是说刺他那里，就说我有什么武器。竟把这种同式的语，叠到若干句。均与普通语言，相去不远。

他们的歌词，多局于下等官能的范围，如大食大饮等。关于男女间的歌，也很少说到爱情的。很可以看出利己的特性。他总是为自己的命运发感想，若是与他人表同情的，除了惜别与挽词，就没有了。他们的同情，也限于亲属，一涉外人，便带有注意或仇视的意思。他们最喜欢嘲谑，有幸灾乐祸的习惯；对于残废的人，也要用诗词嘲谑他。偶然有出于好奇心的：如澳人初见汽车的喷烟，与商船的鹢首，都随口编作歌词。他们对于自然界的伟大与美丽，很少感触，这是他们过受自然压制的缘故。惟 Eskimo 人，有一首诗，描写山顶层云的状况，是很难得的。他的大意，如下：

　　　"这很大的 Koonak 山在南方——我看见他；——这很大的 Koonak 山在南方——我眺望他；——这很亮的闪光，从南方起来，——我很惊讶。——在 Koonak 山的那面，——他扩充开来，——仍是 Koonak 山——但用海包护起来了。——看呵！他（云）在南方什么样？——滚动而且变化；——看呵！他在南方什么样；——交互的演成美观。——他（山顶）所受包护的海，——是变化的云；——包护的海，交互的演成美观。"

　　有些人，说诗歌是从史诗起的。这不过因为欧洲的文学史，从 Homer，的两首史诗起。不知道 Homer 以前，已经有许多非史的诗，不过不传罢了。大约史诗的发起，总在表情诗以后。澳洲人与 Mincopie 人的史诗，不过参杂节奏的散文；惟有 Eskimo 的童话，是完全按着节奏编的。

　　普通游猎民族的史诗，多说动物生活与神话；Eskimo 多说人生。他们的著作，都是单量的（Ein Dimension），是线的样子。他们描写动物的性质，往往说到副品为止；很少能表示他特别性质，与奇异行为的。说人生也是这样，总是说好的坏的这些普通话，没有说到特性的。说年长未婚的人，总是可笑的。说妇女，总是能持家的。说寡妇，总是慈善的。说几个兄弟的社会，总是骄矜的，粗暴的，猜忌的。

　　Eskimo 有一篇小 Kagsagsuk 的史诗，算是程度较高的。他的大意如下：

"Kagsagsuk 是一个孤儿，寄养在一个穷的老妪家里。这老妪是住在别家门口的一个小窖，不能容 K. 。K. 就在门口偎着狗睡，时时受大人与男女孩童的欺侮。他有一日独自出游，越过一重山，忽然有求强的志愿，想起老妪所授魔术的咒语，就照式念着。有一神兽来了，用尾拂他，由他的身上排出许多海狗骨来，说这些就是阻碍他身体发展的。排了几次，愈排愈少，后来就没有了。回去的时候，觉的很有力了。但是遇着别的孩童欺侮他，他还是忍耐着。又日日去访神兽，觉得一日一日的强起来。有一回，神兽说道："现在够了！但是要忍耐着。等到冬季，海冻了，有大熊来，你去捕他。"他回去，有欺侮他的，他仍旧忍耐着。冬季到了，有人来报告：'有三个大熊，在冰山上，没有人敢近他。' K. 听到了，告他的养母要去看看。养母嘲笑他道："好，你给我带两张熊皮来，可作褥子同盖被。"他出去的时候，大家都笑看他。他跑到冰山上，把一只熊打死了，掷给众人，让他们分配去。又把那两只都打死了，剥了皮，带回家去，送给养母，说是褥子与盖被来了。那时候邻近的人，平日轻蔑他的，都备了酒肉，请他饮食，待他很恳切。他有点醉了，向一个替他取水的女孩子道谢的时候，忽然把这个女孩子将死了。女孩子的父母不敢露出恨他的意思。忽然一群男孩子来了，他刚同他们说应该去猎海狗的话，忽然逼进队里，把一群孩子都打死了。他们这些父母，都不敢露出恨他的意思。他忽然复仇心大发了，把从前欺侮他的人，不管男女壮少，统统打死了。剩了一部分苦人，向来不欺侮他的，他同他们很要好，同消受那冬期的储蓄品。他挑了一只最好的船，很勤的练习航海术，常常作远游，有时往南，有时往北。他心里觉得很自矜了，他那武勇的名誉也传遍全地方了。"

多数美术史家与美学家，都当剧本是诗歌最后的；这却不然。演剧的要素，就是语言与姿态同时发表。要是用这个定义，那初民的讲演，就是演剧了。初民讲演一段故事，从没有单纯口讲的，一定随着语言，做出种种相当的姿势。如 Buschmänner 遇着代何种动物说语，就把口做成那一个动物的口式。Eskimo 的讲演，述那一种人的话，就学那一种人的音调；学得很像。我们只要看儿童们讲故事，没有不连着神情与姿态的，就知道演剧的形式是很自然，很原始的了。所以纯粹的史诗，倒是诗歌三式中最后的一式。

普通人对于演剧的观念，或不在兼有姿态的讲演，反重在不止一人的演作。就这个狭义上观察，也觉得在低级民族，早已开始了。第一层，在 Grönland 有两人对唱的诗，并不单是口唱，各做出许多姿态，就是演剧的样子。而且这种对唱，在澳洲也是常见的。第二层，游戏式舞蹈，也是演剧的初步。由对唱到演剧，是添上地位的转动。由舞蹈到演剧，是添上适合姿态的语言。讲到内部的关系，就很不容易区别了。

Alëuten 人有一出哑戏。他的内容，是一个人带着弓，作猎人的样子；别一个人扮了一只鸟。猎人见了鸟，做出很爱他，不愿害他的样子。但是鸟要跳了，猎人很着急，自己计较了许久，到底张起弓来，把鸟射死了。猎人高兴得跳舞起来。忽然，他不安了，悔了。于是乎哭起来了。那只死鸟又活了，化了一个美女，与猎人挽着臂走了。

澳洲人也有一出哑戏，但有一个全剧指挥人，于每幕中助以很高的歌声。第一幕，是群牛从林中出来，在草地上游戏。这些牛，都是土人扮演的，画出相当的花纹。每一牛的姿态，都很合自然。第二幕，是一群人向这牧群中来，用枪刺两牛：剥皮切肉，都做得很详细。第三幕，是听着林中有马蹄声起来了：不多时，现出白人的马队，放了枪把黑人打退了；不多时，黑人又集合起来，冲过白人一面来。把白人打退了，逐出去了。

这些哑戏，虽然没有相当的诗词，但他们编制，很有诗的意境。

在文明社会，诗歌势力的伸张，半亦是印刷术发明以后，传播便利的缘故。初民既没有印刷，又没有文字，专靠口耳相传，已经不能很广了。他们语音相同的范围又是很狭。他们的诗歌，除了本族以外，传到邻近，就同音乐谱一样了。

文明社会，受诗歌的影响，有很大的：如希腊人与 Homer，意大利人与 Dante，德意志人与 Goethe，是最著的例。初民对于诗歌，自然没有这么大影响；但是他们的需要，也觉得同生活的器具一样。Stokes 氏曾说，他的同伴土人 Miago 遇着何等对象，都很容易，很敏捷的构成歌词。而且说，不是他一人有特别的天才，凡澳人普通如此。Eskimo 人，也是各有各的诗。所以他们并不什么样的崇拜诗人，但是对于诗歌的价值，是普通承认的。

与舞蹈诗歌相连的，是音乐。初民的舞蹈，几乎没有不兼音乐的。仿佛还偏重音乐一点儿。Eskimo 舞蹈的地方，叫作歌场（Quaggi）；Mincopie 人的舞蹈节，叫作音乐节。

初民的唱歌，偏重节奏，不用和声，他们的音程也很简单，有用三声的，有用四声的，有用六声的；对于音程，常不免随意出入。Buschmänner 的音乐天才，算是最高；欧人把欧洲的歌教他们，他们很能仿效。Lichten-stein 氏还说，很愿意听他们的单音歌。

他们所以偏重节奏的原故：一，是因他本用在舞蹈会上；二，是乐器的关系。

初民的乐器，大部分是为拍子设的。最重要的是鼓，惟 Botokuden 人没有这个；其余都是有一种，或有好几种。最早的形式，怕就是澳洲女子在舞蹈会上所用的，是一种绷紧过的袋鼠皮，平日还可以披在肩上作外套的；有时候把土卷在里面。至于用兽皮绷在木头上面的作法，是在 Melanesier 见到的。澳北 Queenländer 有一种最早的形式，是一根坚木制成的粗棍，打起来声音很强。这种声杖，恰可以过渡到 Mincopie 人的声盘。声盘是舞蹈会中指挥人用的，是一种盾状的片子，用坚木制成的；长五尺，宽二尺；一面凸起，一面凹下；凹下的一面，用白垩画成花纹。用的时候，凹面向下；把窄的一端嵌入地平，指挥人把一足踏住了；为加增嘈音起见，在宽的一端，垫上一块石头。Eskimo 人用一种有柄的扁鼓：他的箍与柄，都是木制，或用狼的腿骨制；他的皮，是用海狗的，或驯鹿的；

直径三尺；用长十寸粗一寸的棍子打的。Buschmänner 的鼓，荷兰人叫作 Rommelpott，是用一张皮绷在开口的土瓶或木桶上面，用指头打的。

Eskimo 人，Mincopie 人，与一部分的澳洲人，除了鼓，差不多没有别的乐器了。独有澳北 Port Essington 土人有一种箫，用竹管制的；长二三尺；用鼻孔吹他。Botokuden 人没有鼓，有两种吹的乐器：一是箫，用 Taquara 管制的，管底穿几个孔，是妇女吹的。一是角，用大带兽的尾皮制的。

Buschmänner 有用弦的乐器。有几种不是他们自己创造的：一种叫 Guitare，是从非洲黑人得来。一种壶卢琴，从 Hottentotten 得来。壶卢琴是木制的底子，缀上一个壶卢，可以加添反响；有一条弦，又加上一个环，可以申缩他颤声的部分。止有 Gora，可信是 Buschmänner，固有的，最早的弦器：他是弓的变形。他有一弦，在弦端与木槽的中间，有一根切成薄片的羽茎插入，这个羽茎，由奏乐的用唇扣着，凭着呼吸去生出颤动来，如吹洞箫的样子。这种由口气发生的谐声，一定很弱；他那拿这乐器的右手特将第二指插在耳孔，给自己的声觉强一点儿。他们奏起来，竟可到一点钟的长久。

总之初民的音乐，唱歌比器乐发达一点。两种都不过小调子，又是偏重节奏，那谐声是不注意的。他那音程，一，是比较的简单；二，是高度不能确定。

至于音乐的起原，依达尔文说，是我们祖先在动物时代，借这个刺激的作用，去引诱异性的。凡是雄的动物，当生殖欲发动的时候，鸣声常特别发展：不但用以自娱，且用以求媚于异性。所以音乐上的主动与受动，全是雌雄淘汰的结果。但诱导异性的作用，并非专尚柔媚，也有表示勇敢的。譬如雄鸟的美翅，固是柔媚的；牡狮的长鬣，却是勇敢的。所以音乐上遗传的，也有激昂一派，可以催起战争的兴会。现在行军的没有不奏军乐：据 Buckler 与 Thomas 所记，澳洲土人将要战斗的时候，也是把唱歌与舞蹈激起他们的勇气来。

又如叔本华说各种美术，都有摹仿自然的痕迹，独有音乐不是这样；

所以音乐是最高尚的美术。但据 Abbe Dubos 的研究，音乐也与他种美术一样，有摹仿自然的。照历史上及我们经验上的证明，却不能说音乐是绝对没有摹仿性的。

要之音乐的发端，不外乎感情的表出。有快乐的感情，就演出快乐的声调。有悲惨的感情，就演出悲惨的声调。这种快乐或悲惨的声调，又能引起听众同样的感情。还有他种郁愤，恬淡等等感情，都是这样。可以说是人类交通感情的工具。斯宾塞尔说："最初的音乐，是感情激动时候加重的语调。"是最近理的。如初民的音乐，声音的高度，还没有确定，也是与语调相近的一端。

现在综合起来，觉得文明人所有的美术，初民都有一点儿。就是诗歌三体，也已经不是混合的初型，早已分道进行了。止有建筑术，游猎民族的天幕、小舍，完全为避风雨起见，还没有美术的形式。

我们一看他们的美术品，自然觉得同文明人的著作比较，不但范围窄得多，而且程度也浅得多了。但是细细一考较，觉得他们所包含美术的条件：如节奏、均齐、对比、增高、调和等等，与文明人的美术一样。所以把他们的美术与现代美术比较，是数量的差别，比种类的差别大一点儿：他们的感情是窄一点儿，粗一点儿；材料是贫乏一点儿；形式是简单一点儿，粗野一点儿；理想的寄托，是幼稚一点儿。但是美术的动机、作用与目的，是完全与别的时代一样。

凡是美术的作为，最初是美术的冲动（这种冲动，是各别的：如音乐的冲动，图画的冲动，往往各不相干；不过文辞上可以用"美术的冲动"的共名罢了）。这种冲动，与游戏的冲动相伴，因为都没有外加的目的。又有几分与摹拟自然的冲动相伴，因而美术上都有点摹拟的痕迹。这种冲动，不必到什么样的文化程度，才能发生；但是那几种美术的冲动，发展到什么一种程度，却与文化程度有关。因为考察各种游猎民族，他们的美术，竟相类似：例如装饰、图象、舞蹈、诗歌、音乐等，无论最不相关的民族，如澳洲土人与 Eskimo 竟也看不出差别的性质来。所以 Taine 的"民族特性"理论，在初民还没有显著的痕迹。

这种彼此类似的原因，与他们的生活，很有关系。除了音乐以外，各种美术的材料与形式，都受他们游猎生活的影响。看他们的图案，止摹拟动物与人形，还没有采及植物，就可以证明了。

Herder 与 Taine 二氏，断定文明人的美术，与气候很有关系。初民美术，未必不受气候的影响，但是从物产上间接来的。在文明人，交通便利，物产上已经不受气候的限制；所以他们美术上所受气候的影响，是精神上直接的。精神上直接的影响，在初民美术上，还没有显著的痕迹。

初民美术的开始，差不多都含有一种实际上目的：例如图案是应用的便利；装饰与舞蹈，是两性的媒介；诗歌舞蹈与音乐，是激起奋斗精神的作用：尤如家族的徽志，平和会的歌舞，与社会结合，有重要的关系。但各种美术的关系，却不是同等；大约那时候舞蹈是最重要的。看西洋美术史：希腊的人生观，寄在造象；中古时代的宗教观念，寄在寺院建筑：文艺中兴时代的新思潮，寄在图画；现在人的文化，寄在文学，都有一种偏重的倾向。总之，美术与社会的关系，是无论何等时代，都是显著的了。从柏拉图提出美育主义后，多少教育家都认美术是改进社会的工具。但文明时代，分工的结果，不是美术专家，几乎没有兼营美术的余地。那些工匠，日日营机械的工作，一点没有美术的作用参在里面，就觉枯燥的了不得；远不及初民工作的有趣。近如 Morris 痛恨于美术与工艺的隔离，提倡艺术化的劳动，倒是与初民美术的境象，有点相近。这是很可以研究的问题。

在国语讲习所的演说

（九年六月十三日）

　　为什么要有国语？一是对于国外的防御，一是求国内的统一。现在世界主义渐盛，似无国外防御的必要，但我们是弱国，且有强邻，不能不注意。国内的不统一，如省界，如南北的界，都是受方言的影响。

　　也有人说，我们语言虽然不统一，文字是统一的。但言文不一致的流弊很多。

　　用那一种语言作国语？有人主张用北京语，但北京也有许多土语，不是大多数通行的。有主张用汉口话的（章太炎）。有主张用河南话的，说洛阳是全国的中心点。有主张用南京话的，说是现在普通话就是南京话，俗语有"蓝青官话"的成语，蓝青就是南京。也有主张用广东话的，说是广东话声音比较的多。但我们现在还没有一种方言比较表，可以指出那一地方的话是确占大多数，就不能武断用那一地方的。且标准地方最易起争执，即如北京是现在的首都，以地方论，比较的可占势力，但首都的话，不能一定有国语的资格。德国的语言，是以汉堡一带为准；柏林话算是土话。北京话没有入声，是必受大多数反对的。

　　所以国语的标准，决不能指定一种方言，还是用吴稚辉先生"近文的语"作标准，是妥当一点。现在通行的白话文，就是这一体。

提倡国语的次序 我们想造成一种国语，从那里下手呢？第一是语音，第二是语法，第三是国语的文章。

语音 近三十年有许多人造简字，或仿日本假名，或仿欧洲速记法，最流行的，要算是王照君的字母；但同时并立的很多。民国元年，教育部特开了一个读音统一会，议决注音字母三十九个。在我个人意见：国音标记，最好是两种方法：一是完全革新的，就是仍用拉丁字母，从前教会中人已经用过了，日本也有这一种拼音法。一是为接近古音起见，简直用形声字上声的偏旁，来替代一切合体的字，大约至多用一千字，也就足了。第一法是有许多人主张的。第二法是我的私见，因为用这个方法，教授时有的便利，可以从古篆学起，学一字就懂这一字的所以这样写法，又许多字所以同一个音，觉得很有趣味，一定容易记得。但后来读音统一会议定的，却是这两法中间的一法。既然经过什么正式的会议议决的，比较的容纳多数意见，总胜于私人闭门造车的了。这三十九母虽然以北音为主，但是有入声有浊音，可算是南北音都有的。他所收不进的音，还可以加闰音，这也算很便当了。

这些字母所以名"注音字母"的缘故，是不许独立的。因为中国异义同音的字太多，怕得容易含混。但既有了简字，还要人人学那很复杂的字，也是不合人情，只要在不致误会的范围内去行用，也是自然而然的。现在如国语统一筹备会所议定"词的区号"，曾彝进君设旗语时所加傍旁的记号，左贯文君、钱玄同君所研究旧字的省笔，都是救际的方法。

我想现在先可应用在译名上。欧文的固有名词，向来用旧字译的，很繁很不画一。若照日本人用假名译西音的办法，规定用国音某字母代西文某字母，有缺的，在音近的字母上加一点记号。如国语统一筹备会所议决已加，读若厄的办法是最便当不过的了。

这种办法不必经部定的手续，也不必公约，尽可自由试验。我若译音，一定要用这个方法，但附一个国音简字与西文字母对照表就比许多中国字的译名，或直写西文，或于中字译名下又注西文的都简便一点。

语法 中国人本来不大讲文法。古文的文法，只有《马氏文通》一部；白话的文法，现在还没有成书的。但是白话的文法，比古文简一点儿，比西文更简一点儿。懂得古文法的人，应用他在国语上，不怕不够；懂得西文法的人，应用他在国语上，更不患不够。先讲词品。西文的冠词、名词、代名词与静词。都分阴阳中三性，一多两数。我们的语言，是除了代名词有一多的分别外，其他是没有这种分别的。近来有人对于第三位的代名词，一定要分别，有用她字的，有用伊字的。但是觉得这种分别的是没有必要。譬如说一男一女的事，如用他字与她字才分别他们，固然恰好。若遇着两男或两女的，这种分别还有什么用呢？欧语的数词，十三到十九，单数都在十数前，二十一起英法是单数在十数后，德语仍是单数在前，但是百数仍在十数后，千数仍在百数后，就不一律了。最奇怪的，法文从七十起，没有独立的名：七十就叫六十同十，七十一、七十二等等就叫六十同十一、六十同十二等等。到了八十，就叫作四个二十；到了九十一、九十二，就叫作四个二十同十一，四个二十同十二等等。何等累赘！我们所用的数词，一切都按着十进，简便多了。静词的级数，动词的时间，止要加上更、最，或已、将等字，没有语尾变化。句法止主词在前，宾词在后，语词在中间，差不多没有例外。文言上还有倒句，如"尔无我诈，我无尔虞"等，语言并这个都没有。要是动词在名词后，定要加一个将字在名词前，仿佛日本语的远字，西文的有字。又文言中天圆地方山高水长等，名字与静词间不加字，在白话上总有一个是字，与西文相像。胡君适之曾作《国语的进化》一篇，载在第七卷三号的《新青年》上，很举了几种白话胜过文言的例。听说他著的国语法，不久可以出板，一定可以作语法的标准。

语体文　文章的开始，必是语体，后来为要便于记诵，变作整齐的句读，抑扬的音韵，这就是文言了。古人没有印刷，抄写也苦、繁重，不得不然。孔子说"言之不文，不能行远"，就是这个缘故。但是这种句调音调，是与人类审美的性情相投的，所以愈演愈精，一直到六朝人骈文，算是登峰造极了。物极必反，有韩昌黎、柳柳州等提倡古文，这也算文学上一次革命，与欧洲的文艺中兴一样。看韩、柳的传志，很看得出表示特性的眼光与手段，比东汉到唐初的碑文进步得多了。这一次进步，仿佛由图案画进为山水画、实物画的样子：从前是拘定均齐节奏，与颜色的映照，现在不拘拘此等，要按着实物、实景，来安排了。但是这种文体，传到宋元时代，又觉得与人类的性情不能适应，所以又有《水浒》《三国演义》等语体小说与演义。罗贯中的思想与所描写的模范人物，虽然不见得高妙；但把他所描写的，同陈承祚的原文或裴注所引的各书对照，觉得他的文体是显豁得多。把《水浒》同唐人的文言小说比较，那描写的技能，更显出大有进步。这仿佛西洋美术，从古典主义进到写实主义的样子：绘影绘光，不像从前单写通式的习惯了。但是许多语体小说里面，要算《石头记》是第一部。他的成书总在二百年以前。他那表面上反对父母强制婚姻，主强自由结婚；他反对肉欲，提倡真挚的爱情，又用悲剧的哲学的思想来打破爱情的缠缚；他反对禄蠹，提倡纯粹美感的文学；他反对历代阳尊阴卑男尊女卑的习惯，说男污女洁，又说女子嫁了男人，沾染男人的习气，就坏了；他反对主奴的分别，贵公子与奴婢平等相待。他反对富贵人家的生活，提倡庄家人的生活；他反对厚貌深情，赞成天真烂缦；他描写鬼怪，都从迷信的心理上描写，自己却立在迷信的外面。照这几层看来，他的价值已经了不得了。这种表面的长处还都是假象。他实在把前清康熙朝的种种伤心惨目的事实，寄托在美人香草的文字，所以说"满纸荒唐言，一把酸心泪"。他还把当时许多琐碎的事，都改变面目，穿插在里面。这是何等才情！何等笔力！我看过的书，只有德国第一诗人鞠台所著的《缶斯脱》（Faust）可与比拟。《缶斯脱》是鞠台费了六十余年的光阴漫漫儿著成的。表面上也讲爱情，讲宗教，讲思想行为的变迁，里面寄托他的文化观宇宙观。成书后到此刻是九十年了，注释的已经有数十家。大学文学科教授，差不多都有讲这个剧本的讲义，还没有定论，不是与我们那些《红楼梦》《索隐释真》等等纷杂相像么？《石头记》是北京语，虽不能算是折衷的语体，但是他在文学上的价值，是没有别的书比得上他，又是我平日间研究过的，所以特别介绍一回。

劳工神圣

　　诸君！此次世界大战争，协商国竟得最后胜利，可以消灭种种黑暗的主义，发展种种光明的主义，我昨日曾经说过；可见此次战争的价值了。但是我们四万万同胞，直接加入的，除了在法国的十五万华工，还有甚么人？这不算怪事！此后的世界，全是劳工的世界呵！

　　我说的劳工，不但是金工、木工等等，凡用自己的劳力作成有益他人的事业，不管他用的是体力，是脑力，都是劳工。所以农是种植的工，商是转运的工，学校职员、著述家、发明家，是教育的工。我们都是劳工。我们要自己认识劳工的价值！劳工神圣！我们不要羡慕那凭藉遗产的纨绔儿！不要羡慕那卖国营私的官吏！不要羡慕那克扣军饷的军官！不要羡慕那操纵票价的商人！不要羡慕那领乾修的顾问谘议！不要羡慕那出售选举票的议员！他们虽然奢侈点，但是良心上不及我们的平安多了！我们要认清我们的价值！劳工神圣！

工学互助团的大希望

现在各种集会中，我觉得最有希望的是少年中国学会。因为他的言论，他的举动，都质实得很，没有一点浮动与夸张的态度。这个学会的会员，现又发起一个工读互助团，他的宗旨与组织法，都非常质实。要是本着这个宗旨推行起来，不但中国青年求学问题有法解决，就是全中国最重大问题，全世界最重大问题，也不难解决。这真是大有希望的。不过我觉得读字不如学字的好，所以用学字。

请先讲工字，西人有句格言，"人不是为食而生，是为生而食的。"我仿他的语调造一句，"人不是为生而工，是为工而生的。"有一种作工的人，自己说是"谋生"，仿佛是为生而工的凭据。但这是经济界病的现状，决非全部的人生观。要是人仅仅为生而工，那末，石器时代的工作很可以谋生，何必进而作铜器作铁器呢？游猎的民族至今尚存，何必进而为农业工业呢？就说是实业的工作都是有益于生存的，何必又进而为纯粹的科学哲学与美术呢？且如古语"一年之计树谷，十年之计树木，百年之计树人"。人到能工的时候，断没有再活百年的，为什么要作"百年之计"呢？文学家美术家的著作往往受同时人的揶揄，非笑，直到死后几十年几百年，才受人崇拜。他们为什么要作这种工呢？试验药品，试验飞艇飞机，探南北极，到荒僻地方采集博物标本，到野蛮社会考察野蛮民族状况，往往失了生命；科学家的新发明，哲学家的新主义，受旧社会反对，也往往失了生命。他们为什么要冒险作工呢？所以知道工是人生的天责，出于自然的冲动，决非是为生活的欲望强迫而成的。

人类以外的动物都能作工，昆虫中蜂蚁的工作是程度最高的。但他们一代传一代总是这样，是全靠本能的缘故。又如鹦鹉鹳鸽也能仿效人言，但他们听一句说一句，不能变化，这还是本能的作用。人的作工是一时有一时的变化，一代有一代的进步。因为人能学；所以学是工的预备，但是学与工有直接的，有间接的，有间接而又间接的。譬如学洗衣，学编织，学烹饭，学刷印，学制造小工艺，学贩卖报纸及坐柜（这都是工读互助团先拟试作的工），是直接的。因这种工作上材料的关系，想研究矿物学与生物学；因动作的关系，想研究力学；因热度色彩与化合化分的关系，想研究热学光学化学；因计算的关系，想研究数学、经济学；因视觉味觉的关系，想研究心理学；因美观的关系，想研究美学：因交际的关系，想研究社会学：这是间接的。又如为满足求真的志趣，与预备高深的工作，想研究纯粹的科学哲学；为满足审美的兴味，与调剂机械性工作的厌倦，想研究文学及图画雕刻音乐等美术：是间接而又间接的。在工学互助团中除每日作工四时外均可来学，是很方便的。

小工业的时代各作各的工，成绩总是有限；后来分工细了，工业大大的进步：这是互助的效果。从前劳工与资本家反对，劳工总是失败：后来同业的劳工连合起来，一国中各业的劳工联合起来，各国各业的劳工联合起来，资本家不能不让步了：这也是互助的效果。但是资本家与劳工还是对峙，还是互竞，所以工业上还免不了苦况。也有人说，贫富不平等的原因，就在教育不平等。一部分的人可以受高等教育，在学术上有点儿贡献，但不是独学便能成功，是靠多少师友的助力。况且学术为公，政治上虽然有国界；学术研究没有国界，所以能达到现在的程度：这是互助的效果。但是研究学术竟还是少数；有许多人进了小学不能进中学，进了中学不能进大学；少了许多人研究，学术的发展自然也受了限制了。要是经济的组织大大改变，全世界做成一个互助团体，全世界的人没有不是劳工，那工作的时间，一定都可以减少，那求学的机会，一定都可以平等，岂不是现在世界最难解决的问题，一切解决，成了最幸福的世界么？

凡事空话总不如实行，大的要从小的做起。要是我们空谈世界主义，一点没有实行的预备，柏拉图的"共和国"已经发表了三千年，不是至今还没有实现么？现在少年中国学会的工学互助团，是从小团体脚踏实地的做起。要是感动了全国各团体都照这样做起来，全中国的最重大问题也可解决。要是与世界各团体连合起来，统统一致了，那就世界最重大问题也统统解决了。这岂不是最大的希望么？

对于教育方针之意见

(民国元年南京政府教育总长任内)

近日在教育部，与诸同人新草学校法令，以为征集高等教育会议之预备，颇承同志饷以谠论。顾关于教育方针者殊寡，辄先述鄙见以为嚆引，幸海内教育家是正之。

教育有二大别：曰隶属于政治者，曰超轶乎政治者。专制时代（兼立宪而含专制性质者言之），教育家循政府之方针，以标准教育，常为纯粹之隶属政治者。共和时代，教育家得立于人民之地位，以定标准，乃得有超轶政治之教育。清之季世，隶属政治之教育，腾于教育家之口者，曰军国民教育。夫军国民教育者，与社会主义僢驰，在他国已有道消之兆。然在我国则强邻交逼，亟图自卫，而历年丧失之国权。非凭藉武力，势难恢复。且军人革命以后，难保无军人执政之一时期，非行举国皆兵之制，将使军人社会。永为全国中特别之阶级，而无以平均其势力。则如所谓军国民教育者，诚今日所不能不采者也。

虽然，今之世界，所恃以竞争者，不仅在武力，而尤在财力。且武力之半，亦由财力而孳乳。于是有第二之隶属政治者；曰实利主义之教育，以人民生计为普通教育之中坚。其主张最力者；至于普通学术，悉寓于树艺、烹饪、裁缝及金木土工之中。此其说创于美洲，而近亦盛行于欧陆。

我国地宝不发，实业界之组织尚幼稚，人民失业者至多，而国甚贫。实利主义之教育，固亦当务之急者也。

是二者，所谓强兵富国之主义也。顾兵可强也，然或溢而为私斗；为侵略，则奈何？国可富也，然或不免知欺愚，强欺弱，而演贫富悬绝，资本家与劳动家血战之惨剧，则奈何？曰教之以公民道德。何谓公民道德？曰，法兰西之革命也，所标揭者，曰自由、平等、亲爱；道德之要旨。尽于是矣。孔子曰，匹夫不可夺志。孟子曰，大丈夫者富贵不能淫，贫贱不能移，威武不能屈。自由之谓也。古者盖谓之义。孔子曰，己所不欲，勿施于人。子贡曰，我不欲人之加诸我也，我亦欲无加诸人。《礼·大学》记曰，所恶于前，毋以先后；所恶于后，毋以从前；所恶于右，毋以交于左；所恶于左，毋以交于右。平等之谓也。古者盖谓之恕。自由者，就主观而言之也。然我欲自由，则亦当尊人之自由，故通于客观。平等者，就客观而言之也。然我不以不平等遇人，则亦不容人之以不平等遇我，故通于主观。二者相对而实相成，要皆由消极一方面言之。苟不进之以积极之道德，则夫吾同胞中，固有因生禀之不齐，境遇之所迫，企自由而不遂，求与人平等而不能者。将一切恝置之，而所谓自由若平等之量，仍不能无缺陷。孟子曰，鳏寡孤独，天下之穷民而无告者也。张子曰，凡天下疲癃残疾茕独鳏寡，皆吾兄弟之颠连而无告者也。禹谓天下有溺者，由己溺之。稷谓天下有饥者，由己饥之。伊尹思天下之人，匹夫匹妇有不与被尧舜之泽者，若己推而纳之沟中。孔子曰，己欲立而立人，己欲达而达人。亲爱之谓也。古者盖谓之仁。三者诚一切道德之根原，而公民道德教育之所有事者也。教育而至于公民道德，宜若可为最终之鹄的矣。曰，未也。公民道德之教育，犹未能超轶乎政治者也。世所谓最良政治者，不外乎以最大多数之最大幸福为鹄。最大多数者，积最少数之一人而成者也。一人之幸福，丰衣足食也，无灾无害也，不外乎现世之幸福。积一人幸福而为最大多数，其鹄的犹是。立法部之所评议，行政部之所执行，司法部之所保护，如是而已矣。即进而达礼运之所谓大道为公，社会主义家所谓未来之黄金时代，人各尽其所能，而各得其所需要，要亦不外乎现世之幸福。盖政法之鹄的，如是而已矣；一切隶属政法之教育，充其量亦如是而已矣。

虽然，人不能有生而无死。现世之幸福，临死而消灭。人而仅仅以临死消灭之幸福为鹄的，则所谓人生者有何等价值乎？国不能有存而无亡，世界不能有成而无毁，全国之民，全世界之人类，世世相传，以此不能不消灭之幸福为鹄的，则所谓国民若人类者，有何等价值乎？且如是，则就一人而言之，杀身成仁也，舍生取义也，舍己而为群也，有何等意义乎？就一社会而言之，与我以自由乎，否则与我以死，争一民族之自由，不至沥全民族最后之一滴血不已，不至全国为一大冢不已，有何等意义乎？且人既无一死生破利害之观念，则必无冒险之精神，无远大之计画，见小利，急近功，则又能保其不为失节堕行身败名裂之人乎？谚曰当局者迷，旁观者清。非有出世间之思想者，不能善处世间事，吾人即仅仅以现世幸福为鹄的，犹不可无超轶现世之观念，况鹄的不止于此者乎？

以现世幸福为鹄的者，政治家也；教育家则否。盖世界二方面，如一纸之有表里：一为现象，一为实体。现象世界之事，为政治，故以造成现世幸福为鹄的；实体世界之事，为宗教，故以摆脱现世幸福为作用。而教育者则立于现象世界，而有事于实体世界者也。故以实体世界之观念，为其究竟之大目的，而以现象世界之幸福，为其达于实体观念之作用。

然则现象世界与实体世界之区别何在耶？曰，前者相对而后者绝对；前者范围于因果律，而后者超轶乎因果律；前者与空间时间有不可离之关系，而后者无空间时间之可言；前者可以经验，而后者全恃直观。故实体世界者，不可名言者也。然而既以是为观念之一种矣，则不得不强为之名，是以或谓之道，或谓之太极，或谓之神，或谓之黑暗之意识，或谓之无识之意志。其名可以万殊而观念则一。虽哲学之流派不同，宗教家之仪式不同，而其所到达之最高观念皆如是（最浅薄之唯物论哲学，及最幼稚之宗教祈长生求福利者，不在此例）。

然则教育家何以不结合于宗教，而必以现象世界之幸福为作用？曰，世固有厌世派之宗教若哲学，以提撕实体世界之故，而排斥现象世界。因以现象世界之文明，为罪恶之源，而一切排斥之者。吾以为不然。现象实体，仅一世界之两方面，非截然为互相冲突之两世界。吾人之感觉，既托于现象世界，则所谓实体者，即在现象之中，而必非灭乙而后生甲。其现象世界间，所以为实体世界之障碍者，不外二种意识：一，人我之差别，二，幸福之营求是也，人以自卫力不平等而生强弱，人以自存力不平等而生贫富。有强弱贫富，而彼我差别之见起。弱者贫者，苦于幸福之不足，而营求之意识起。有人我则于现象中有种种之界画，而与实体违。有营求则当其未遂，为无已之苦痛，及其既遂，为过量之要索，循环于现象之中，而与实体隔。能剂其平，则肉体之享受，纯任自然，而意识界之营求泯，人我之见亦化。合现象世界各别之意识为浑同，而得与实体吻合焉。故现世幸福，为不幸福之人类到达于实体世界之一种作用。盖无可疑者。军国民实利两主义，所以补自卫自存力之不足。道德教育，则所以使之互相卫互相存，皆所以泯营求而忘人我者也。由是而进以提撕实体观念之教育。

提撕实体观念之方法如何？曰消极方面，使对于现象世界。无厌弃而亦无执著；积极方面，使对于实体世界非常渴慕而渐进于领悟。循思想自由言论自由之公例，不以一流派之哲学一宗门之教义梏其心，而惟时时悬一无方体无始终之世界观以为鹄。如是之教育，吾无以名之，名之曰世界观教育。

虽然，世界观教育，非可以旦旦而聒之也。且其与现象世界之关系，又非可以枯槁单简之言说袭而取之也。然则何道之由？曰美感之教育。美感者，合美丽与尊严而言之，介乎现象世界与实体世界之间，而为津梁。此为康德所创造，而嗣后哲学家未有反对之者也。在现象世界，凡人皆有爱恶惊惧喜怒悲乐之情，随离合生死祸福利害之现象而流转。至美术则即以此等现象为资料，而能使对之者，自美感以外，一无杂念。例如采莲煮豆，饮食之事也，而一入诗歌，则别成兴趣。火山赤舌，大风破舟，可骇可怖之景也，而一入图画，则转堪展玩。是则对于现象世界，无厌弃而亦无执著也。既脱离一切现象相对之感情，而为浑然之美感，则即所谓与造物为友，而已接触于实体世界之观念矣。故教育家欲由现象世界而引以到达于实体世界之观念，不可不用美感之教育。

五者，皆今日之教育所不可偏废者也。军国民主义、实利主义、德育主义三者，为隶属于政治之教育（吾国古代之道德教育，则间有兼涉世界观者，当分别论之）。世界观、美育主义二者，为超轶政治之教育。

以中国古代之教育证之，虞之时，夔典乐而教胄子以九德，德育与美育之教育也。周官以卿三物教万民，六德六行，德育也。六艺之射御，军国民主义也。书数，实利主义也。礼为德育，而乐为美育。以西洋之教育证之，希腊人之教育为体操与美术，即军国民主义与美育也。欧洲近世教育家，如海尔巴德氏纯持美育主义。今日美洲之杜威派，则纯持实利主义者也。

以心理学各方面衡之，军国民主义毗于意志；实利主义毗于知识；德育兼意志情感二方面；美育毗于情感；而世界观则统三者而一之。

以教育界之分言三育者衡之，军国民主义为体育；实利主义为智育；公民道德及美育毗于德育；而世界观则统三者而一之。

以教育家之方法衡之，军国民主义、世界观、美育，皆为形式主义；实利主义，为实质主义；德育则二者兼之。

譬之人身：军国民主义，筋肉也，用以自卫；实利主义，胃肠也，用以营养；公民道德者，呼吸机循环机也，周贯全体；美育者，神经系也，所以传导；世界观者，心理作用也，附丽于神经系，而无迹象之可求。此即五者不可偏废之理也。

本此五主义而分配于各教科，则视各教科性质之不同，而各主义所占之分数，亦随之而异。国语国文之形式，其依准文法者属于实利，而依准美词学者，属于美感。其内容则军国民主义当占百分之十，实利主义当占其四十，德育当占其二十，美育当占其二十五，而世界观则占其五。

修身，德育也，而以美育及世界观参之。

历史、地理，实利主义也；其所叙述，得并存各主义。历史之英雄，地理之险要及战绩，军国民主义也；记美术家及美术沿革，写各地风景及所出美术品,美育也;记圣贤,述风俗,德育也;因历史之有时期,而推之于无终始,因地理之有涯涘,而推之于无方体,及夫烈士哲人宗教家之故事及遗迹,皆可以为世界观之导线也。

算学,实利主义也,而数为纯然抽象者。希腊哲人毕达哥拉士以数为万物之原,是亦世界观之一方面;而几何学各种线体,可以资美育。

物理化学,实利主义也,原子电子,小莫能破,爱耐而几(Energy),范围万物,而莫知其所由来,莫穷其所究竟,皆世界观之导线也;视官听官之所触,可以资美感者尤多。

博物学,在应用一方面,为实利主义;而在观感一方面多为美感;研究进化之阶级,可以养道德;体验造物之万能,可以导世界观。

图画,美育也,而其内容得包含各种主义:如实物画之于实利主义。历史画之于德育是也。其至美丽至尊严之对象,则可以得世界观。

唱歌,美育也;而其内容,亦可以包含种种主义。

手工,实利主义也,亦可以兴美感。

游戏,美育也;兵式体操,军国民主义也;普通体操,则兼美育与军国民主义二者。

以上之所著,仅具荦较,神而明之,在心知其意者。

满清时代,有所谓钦定教育宗旨者,曰忠君,曰尊孔,曰尚公,曰尚武,曰尚实。忠君与共和政体不合,尊孔与信教自由相违(孔子之学术,与后世所谓儒教孔教当分别论之。嗣后教育界何以处孔子,及何以处孔教,当特别讨论之,兹不赘),可以不论。尚武,即军国民主义也;尚实,即实利主义也;尚公,与吾所谓公民道德,其范围或不免有广狭之异,而要为同意。惟世界观及美育,则为彼所不道,而鄙人尤所注重,故特疏通而证明之,以质于当代教育家,幸教育家平心讨论焉。

以美育代宗教说

（在北京神洲学会演讲）

兄弟于学问界未曾为系统的研究，在学会中本无可以表示之意见。惟既承学会诸君子责以讲演，则以无可如何中，择一于我国有研究价值之问题，为到会诸君一言，"即以美育代宗教"之说是也。夫宗教之为物，在彼欧西各国，已为过去问题。盖宗教之内容，现皆经学者以科学的研究解决之矣。吾人游历欧洲，虽见教堂棋布，一般人民亦多人堂礼拜，此则一种历史上之习惯。譬如前清时代之袍褂，在民国本不适用，然因其存积甚多，毁之可惜，则定为乙种礼服而沿用之，未尝不可。又如祝寿会葬之仪，在学理上了无价值，然戚友中既以请帖讣闻相招，势不能不循例参加，藉通情愫。欧人之沿习宗教仪式，亦犹是耳。所可怪者，我中国既无欧人此种特别之习惯，乃以彼邦过去之事实作为新知，竟有多人提出讨论。此则由于留学外国之学生，见彼国社会之进化，而误听教士之言，一切归功于宗教，遂欲以基督教劝导国人。而一部分之沿习旧思想者，则承前说而稍变之，以孔子为我国之基督，遂欲组织孔教，奔走呼号，视为今日重要问题。自兄弟观之，宗教之原始，不外因吾人精神作用而构成。吾人精神上之作用，普通分为三种：一曰知识；二曰意志；三曰感情。最早之宗教，常兼此三作用而有之。盖以吾人当未开化时代，脑力简单，视吾人一身与世界万物，均为一种不可思议之事。生自何来？死将何往？创造之者何人？管理之者何术？凡此种种，皆当时之人所提出之问题，以求解答者也。于是有宗教家勉强解答之。如基督教推本于上帝，印度旧教则归之梵天，我国神话则归之盘古。其他各种现象，亦皆以神道为惟一之理由。此知识作用之附丽于宗教者也。且吾人生而有生存之欲望，由此欲望而发生一种利己之心。其初以为非损人不能利己，故恃强凌弱，掠夺攫取之事，所在多有。其后经验稍多，知利人之不可少，于是有宗教家提倡利他主义。此意志作用之附丽于宗教者也。又如跳舞唱歌，虽野蛮人亦皆乐此不疲；而对于居室雕刻图画等事，虽石器时代之遗迹，皆足以考见其爱美之思想。此皆人情之常，而宗教家利用之以为诱人信仰之方法。于是未开化人之美术，无一不与宗教相关联。此又情感作用之附丽于宗教者也。天演之例，由浑而画。当时精神作用至为浑沌，遂结合而为宗教。又并无他种学术与之对，故宗教在社会上遂具有特别之势力焉。迨后社会文化，日渐进步，科学发达，学者遂举古人所谓不可思议者，皆一一解释之以科学。日星之现象，地球之缘起，动植物之分布，人种之差别，皆得以理化博物人种古物诸科学证明之。而宗教家所谓吾人为上帝所创造者，从生物进化论观之，吾人最初之始祖，实为一种极小之动物，后始日渐进化为人耳。此知识作用离宗教而独立之证也。宗教家对于人群之规则，以为神之所定，可以永久不变，然希腊诡辩家，因巡游各地之故，知各民族之所谓道德，往往互相抵触，已怀疑于一成不变之原则。近世学者据生理学、心理学、社会学之公例以应用于伦理，则知具体之道德不能不随时随地而变迁；而道德之原理，则可由种种不同之具体者而归纳以得之；而宗教家之演绎法，全不适用。此意志作用离宗教而独立之证也。知识意志两作用，既皆脱离宗教以外，于是宗教所最有密切关系者，惟有情感作用，即所谓美感。凡宗教之建筑，多择山水最胜之处，吾国人所谓天下名山僧占多，即其例也。其间恒有古木名花，传播于诗人之笔，是皆利用自然之美以感人者。其建筑也，恒有峻秀之塔，崇闳幽邃之殿堂，饰以精致之造象，瑰丽之壁画，构成黯淡之光线，佐以微妙之音乐。赞美者必有著名之歌词，演说者必有雄辩之素养，凡此种种，皆为美术作用，故能引人入胜。苟举以上种种设施而屏弃之，恐无能为役矣。然而美术之进化史，实亦有脱离宗教之趋势。例如吾国南北朝著名之建筑，则伽蓝耳；其雕刻，则造像耳；图画，则佛像及地狱变相之属为多；文学之一部分，亦与佛教为缘。而唐以后诗文，遂多以风景人情世事为对象；宋元以后之图画，多写山水花鸟等自然之美。周以前之鼎彝，皆用诸祭祀。汉唐之吉金，宋元以来之名瓷，则专供把玩。野蛮时代之跳舞，专以娱神；而今则以之自娱。欧洲中古时代留遗之建筑，其最著者率为教堂；其雕刻图画之资料，多取诸新旧约；其音乐则附丽于赞美歌；其演剧亦排演耶稣故事，与我国旧剧"目莲救母"相类。及"文艺复兴"以后，各种美术，渐离宗教而尚人文。至于今日，宏丽之建筑，多为学校、剧院、博物院；而新设之教堂，有美学上价值者，几无可指数。其他美术。亦多取资于自然现象及社会状态。于是以美育论，已有与宗教分合之两派。以此两派相较，美育之附丽于宗教者，常受宗教之累，失其陶养之作用，而转以激刺感情。盖无论何等宗教，无不有扩张己教，攻击异教之条件。回教之谟罕默德左手持《可兰经》而右手持剑，不从其教者杀之。基督教与回教冲突，而有十字军之战，几及百年。基督教中又有新旧教之战，亦亘数十年之久。至佛教之圆通，非他教所能及。而学佛者苟有拘牵教义之成见，则崇拜舍利受持经忏之陋习，虽通人亦肯为之。甚至为护法起见，不惜于共和时代，附和帝制。宗教之为累，一至于此，皆激刺感情之作用为之也。鉴激刺感情之弊，而专尚陶养感情之术，则莫如舍宗教而易以纯粹之美育。纯粹之美育，所以陶养吾人之感情，使有高尚纯洁之习惯，而使人我之见，利己损人之思念，以渐消沮者也。盖以美为普遍性，决无人我差别之见能参入其中。食物之入我口者，不能兼果他人之腹；衣服之在我身者，不能兼供他人之温；以其非普遍性也。美则不然。即如北京左近之西山我游之，人亦游之；我无损于人，人亦无损于我也。隔千里兮共明月，我与人均不得而私之。中央公园之花石，农事试验场之水木，人人得而赏之。埃及之金字塔，希腊之神祠，罗马之剧场，瞻望赏叹者若干人，且历若干年而价值如故。各国之博物院，无不公开者，即私人收藏之珍品，亦时供同志之赏览。各地方之音乐会、演剧场，均以容多数人为快。所谓独乐乐不如人乐乐，与寡乐乐不如与众乐乐，以齐宣王之惛，尚能承认之。美之为普遍性可知矣。且美之批评，虽间亦因人而异，然不曰是于我为美而曰是为美。是亦以普遍性为标准之一证也。美以普遍性之故，不复有人我之关系，遂亦不能有利害之关系。马牛，人之所利用者；而戴嵩所画之牛，韩幹所画之马，决无对之而作服乘之想者。狮虎，人之所畏也；而芦沟桥之石狮，神虎桥之石虎，决无对之而生搏噬之恐者。植物之花，所以成实也，而吾人赏花，决非作果实可食之想。善歌之鸟，恒非食品。灿烂之蛇，多含毒液。而以审美之观念对之，其价值自若。美色，人之所好也；对希腊之裸像，决不敢作龙阳之想；对拉飞尔若鲁滨司之裸体画，决不敢有周昉秘戏图之想。盖美之超绝实际也如是。且于普通之美以外，就特别之美而观察之，则其义益显。例如崇宏之美，有至大至刚两种。至大者，如吾人在大海中，惟见天水相连，茫无涯涘。又如夜中仰数恒星，知一星为一世界，而不能得其止境，顿觉吾身之小虽微尘不足以喻。而不知何者为所有。其至刚者，如疾风震霆，覆舟倾屋，洪水横流，火山喷薄，虽拔山盖世之气力，亦无所施，而不知何者为好胜。夫所谓大也，刚也，皆对待之名也。今既自以为无大之可言，无刚之可恃，则且忽然超出乎对待之境，而与前所谓至大至刚者肳合而为一体，其愉快遂无限量。当斯时也，又岂尚有利害得丧之见能参人其间耶？其他美育中如悲剧之美，以其能破除吾人贪恋幸福之思想。《小雅》之怨悱，屈子之离忧，均能特别感人。《西厢记》若终于崔张团圆，则平淡无奇；惟如原本之终于草桥一梦，始足发人深省。《石头记》若如《红楼后梦》等必宝黛成婚，则此书可以不作。原本之所以动人者，正以宝黛之结果一死一亡，与吾人之所谓幸福全然相反也。又如滑稽之美，以不与事实相应为条件。如人物之状态，各部分互有比例。而滑稽画中之人物，则故使一部分特别长大或特别短小。作诗则故为不谐之声调。用字则取资于同音异义者。方朔割肉以遗细君，不自责而反自夸。优旃谏漆城不言其无益，而反谓漆城荡荡，寇来不得上。皆与实际不相容，故令人失笑耳。要之美学之中，其大别为都丽之美，崇宏之美（日本人译言优美、壮美）。而附丽于崇闳之悲剧，附丽于都丽之滑稽，皆足以破人我之见，去利害得失之计较。则其所以陶养性灵，使之日进于高尚者，固已足矣。又何取乎侈言阴骘，攻击异派之宗教，以激刺人心，而使之渐丧其纯粹之美感为耶？

《北京大学月刊》发刊词

（七年十一月）

北京大学之设立，既二十年于兹，向者自规程而外，别无何等印刷品流布于人间。自去年有日刊，而全校同人，始有联络感情、交换意见之机关，且亦藉以报告吾校现状于全国教育界。顾日刊篇幅无多，且半为本校通告所占，不能载长篇学说，于是有月刊之计画。

以吾校设备之不完全，教员之忙于授课，而且或于授课以外兼任别种机关之职务，则夫月刊取材之难可以想见。然而吾校必发行月刊者，有三要点焉：

一曰尽吾校同人力所能尽之责任。所谓大学者，非仅为多数学生按时授课，造成一毕业生资格而已也，实以是为共同研究学术之机关。研究也者，非徒输入欧化，而必于欧化之中为更进之发明；非徒保存国粹，而必以科学方法，揭国粹之真相。虽曰吾校实验室图书馆等缺略不具，而外界学会工场之属可无取资，求有所新发明，其难固倍蓰于欧美学者。然十六七世纪以前，欧洲学者，其所凭藉，有以逾于吾人乎？即吾国周秦学者，其所凭藉，有以逾于吾人乎？苟吾人不以此自馁，利用此简单之设备，短少之时间，以从事于研究，要必有几许之新义，可以贡献于吾国之学者，若世界之学者。使无月刊以发表之，则将并此少许之贡献而斩而不与，吾人之愧慊当何如耶？

二曰破学生专已守残之陋见。吾国学子，承举子文人之旧习，虽有少数高才生知以科学为单纯之目的，而大多数或以学校为科举，但能教室听讲，年考及格，有取得毕业证书之资格，则他无所求。或以学校为书院，媛媛姝姝，守一先生之言而排斥其他：于是治文学者，恒蔑视科学，而不知近世文学，全以科学为基础；治一国文学者，恒不肯兼涉他国，不知文学之进步，亦有资于比较；治自然科学者，局守一门，而不肯稍涉哲学，而不知哲学即科学之归宿，其中如自然哲学一部，尤为科学家所需要；治哲学者以能读古书为足用，不耐烦于科学之实验，而不知哲学之基础不外科学，即最超然之玄学，亦不能与科学全无关系。有月刊以网罗各方面之学说，庶学者读之，而于专精之余，旁涉种种有关系之学理，庶有以祛其褊狭之意见，而且对于同校之教员及学生，皆有交换知识之机会，而不至于隔阂矣。

三曰释校外学者之怀疑。大学者，囊括大典，网罗众家之学府也。《礼记·中庸》曰，万物并育而不相害，道并行而不相悖，足以形容之。如人身然，官体之有左右也，呼吸之有出入也，骨肉之有刚柔也，若相反而实相成。各国大学，哲学之惟心论与惟物论，文学美术之理想派与写实派，计学之干涉论与放任论，伦理学之动机论与功利论，宇宙论之乐天观与厌世观，常樊然并峙于其中：此思想自由之通则，而大学之所以为大也。吾国承数千年学术专制之积习，常好以见闻所及，持一孔之论。闻吾校有近世文学一科，兼治宋元以后之小说曲本，则以为排斥旧文学，而不知周秦两汉文学，六朝文学，唐宋文学，其讲座固在也；闻吾校之伦理学，用欧美学说，则以为废弃国粹，而不知哲学门中，于周秦诸子，宋元道学，固亦为专精之研究也；闻吾校延聘讲师，讲佛学相宗则以为提倡佛教，而不知此不过印度哲学之一支，藉以资心理学论理学之印证，而初无与于宗教，并不破思想自由之原则也。论者知其一而不知其二，则深以为怪，今有月刊以宣布各方面之意见，则校外读者，当亦能知吾校兼容并收之主义，而不至以一道同风之旧见相绳矣。

　　以上三者，皆吾校所以发行月刊之本意也。至月刊之内容，是否能副此希望，则在吾校同人之自勉，而静俟读者之批判而已。

贫儿院与贫儿教育的关系

（三月十五日在青年会演说）

贫儿院的历史同成效，刘景山先生已讲得很详细了。鄙人对于贫儿院，有一种特别的感想，并且有一种特别希望，所以看得这一次的募捐，比较别种慈善事业尤为重要，请与诸位男女来宾讲讲。

贫儿是没有受家庭教育的机会，所以到院。这原是他们的不幸。但鄙人对于家庭教育很有点怀疑。第一层：教育是专门的事业，不是人人能担任的。譬如有一块美玉，要琢成佩件，必要请教玉工。又如有几两黄金，要炼成首饰，必要请教金工。断不是人人自作的。现在要把自家子女造成适当的人物，敢道比琢玉炼金容易，人人可以自任的么？第二层：有子女的人，不是人人有实行教育的时间。男子呢，有一定职业，就每日有一定作工的时间。作工完毕了，还有奔走公益的，应酬亲友的，随意消遣的，请问每日中有多少时间可以在家与他的子女相见？妇人呢，或是就职业，或是操家政，也有讲应酬好消遣的，请问每日中有多少时间可以专心对付他的子女？所以有钱的，就把子女交给没有受过教育的仆婢，统统引诱坏了。没有钱的，就听子女在家胡闹，或在街上乱跑；父母闲暇了，高兴了，子女就有不好的事，也纵容他；忙不过来了，不高兴了，子女就有好的事，也瞎骂一阵，乱打几拳。这又是大多数父母的通病了。而且现在的家庭，对于儿童可以算好的榜样么？正经的父母，不知道儿童性情与成人大有不同；立了很严规矩，要儿童仿作，已经很不相宜了。还有大多数的父母夫妇的关系，兄弟姊娌的关系，姑嫂的关系，主仆的关系，亲戚邻居的关系，高兴了就开玩笑，讲别的人丑事，不高兴了相骂相打。要是男子娶了妾，雇了许多男女仆，那就整日演妒忌猜疑的事，甚且什么笑话都可以闹出来。这可以做儿童榜样么？兼且成年的人爱看的书报与图书，爱听的笑话与鼓词，不免有不宜于儿童的，父母看了听了可以不到儿童的耳目么？有许多儿童，都是受了家庭不好的教育，进学校后很不容易改良。所以我对于家庭教育很有点怀疑。

我们古代的大教育学家，要算是孔子、孟子。孔子有一个学生，叫陈亢，疑孔子教训儿子总比教训学生特别一点的，有一日问着孔子的儿子伯鱼，照伯鱼对答，他有一次遇见了他的父亲，问他学了《诗》没有，他说没有学，他的父亲就说了不学诗的短处；又有一次遇见了他的父亲，问他学了《礼》没有，他亦说没有学，他的父亲就说了不学《礼》的短处。陈亢恍然大悟，知道君子是疏远他的儿子呢。孟子有个学生，叫公孙丑，有一日问道，君子为甚么不亲自教他的儿子？孟子答道，办不到。教他必用正道，教了不听，必要怒，怒了便伤了父子的感情。万一儿子想着：父亲教我的，他自己也还没有作到。这更是彼此互相责备，更坏了。所以古人用交换法，把自己的儿子请别人教，反替别人教他的儿子呵。照此看来，圣如孔子，贤如孟子，尚且不敢用家庭教育，何况平常人呢？

所以我的理想：一个地方，必须于蒙养院与中小学校以外，有几个胎教院，几个乳儿院，都由专门的卫生家管理。胎教院的设备，如饮食、器具、花园运动场、装饰的雕刻与图画、陈列的书报，都是有益于孕妇的身体与精神的。因为孕妇身体上受了损害，或精神上染了污浊，都要害及胎儿的。乳儿院的设备，必须于乳儿的母亲身体上精神上都是有益的。要是母亲有了疾病，或发了邪淫愤怒悲愁的感情，都是害及乳儿的。有了这种设备，不论那个人家，要是妇人有了孕，便是进胎儿院；生了子女，便迁到乳儿院。一年以后，小儿断乳，就送到蒙养院受教育，不用他的母亲照管。他的母亲就可以回家操他的家政，或营他的职业了。

现在还没有这种组织，运动别人，别人也不肯信，我想先从贫儿院下手。要是贫儿院试办这种事情，很有成效，那就可以推广到不贫的儿童了。这是我的第一种希望。

美国大教育家杜威博士，不久要来中国。他创了一种很新的教育主义，是即工即学，是要学校生活与社会生活密接，曾在雪卡哥大学附设一个试验学校，试验过很有成效。我于民国元年在南京发表一篇《对于教育方针之意见》，曾于实利主义一节中介绍过，去年在天津青年会演讲"新教育与旧教育之歧点"，又介绍过一回。他的即工即学主义，是学生只须作工，一切学理就在作工时候指点他，用不着甚么教科书。我但用贫儿院已设的烹饪、裁缝、木器与地毯四项工作，作个比例，就容易明白了。这四项的原料，都是动植物，便可以讲生物学。这四项的工具，都是矿物作成的，便可以讲矿物学、地质学。这四项工作的时候，或用热度，或用手工，或用机械，或用电磁，就可以讲物理学。食物的调和，衣服的漂白与渲染，木器的油漆，都与化学有关，便可以讲化学。食物的分量，衣服的尺寸，木器各方面的比例，地毯与房屋的配合，各种原料与工具的购入，各种成绩品的出售，都要计算记录，便可以讲数学与簿记法。指明原料出产的或成绩的出售的地方，比较各民族饮食衣服器具的异同，便可讲地理学与人类学。比较古今饮食衣服器具的异同，便可讲历史学。作工要勤，要谨慎，要有进步，要与同作的学生互相帮助；这四项工作以外，有休息，有共同的运动，又有洗濯食器与整理衣服被褥，洒扫堂室，应对宾客等杂务，便可以讲卫生与修身。就食物的装置，衣服与器具的形势与色彩，可与讲美学与美术。就贫儿已往的苦痛，现在的安乐，将来的希望，也可以讲点哲学。把一切经过的情形或教习的语言，叫各人写出来，便可以练习国文或外国文。诸位看！照此办法，还要用甚么教科书么？还要聚了几十个学生，在教室里面，各人对了一本书听教习一句一句的呆讲么？但这种学校生活与社会生活密接的组织，不但我们中国人没有肯办的，就是办了也怕没有人肯送他的子弟。因为中国人现在还叫进学校作读书，要是到校以后，止有工作，没有读书，就一定不赞成了。现在贫儿院既有工作，何不把上午的读书省却，匀派在工作的时间，来试试杜威博士的新主义呢？要是试了有成效，就可以劝别个学校也来试试。这是我第二种的希望。

我国人不许男女间有朋友的关系，似乎承认"男女间止有恋爱的关系"，所以很严的防范他。既然有此承认，所以防范不到处，就容易闹笑话了。欧美人承认男女的交际，与单纯男子的或单纯女子的完全一样：普通的交际与友谊的关系，隔得颇远，友谊的关系与恋爱的关系，那就隔得更远了。他们男女间看了自己的人格，同对面的人格，都非常尊重：而且为矫正从前轻视女子的恶习，交际上男子尤特别尊重女子，断不敢稍有轻率的举动。即如跳舞会，是古代传下来的习惯，也是随时代进化，活泼中仍含着谨严的规则。不是为贫儿院筹款，曾在迎宾馆举行一次，诸君曾经参与的么？近来女权发展，又经了欧洲大战争，从前男子的职业，一大半都靠女子来担任。此后男女间互助的关系，无论在何等方面，必与单纯男子方面或单纯女子方面一样。我们国里还能严守从前男女的界限，逆这世界大潮流么？但是改良男女的关系，必要有一个养成良习惯的地方，我以为最好是学校了。外国的小学与大学，没有不是男女同校的。美国的中学，也是大多数男女同校，我们现在除国民小学外，还没有这种组织。若要试办，最好从贫儿院入手。院中男女生都有，但男生专作木工毡工，女生专作烹饪裁缝，划清界限，还不是男女同校的真精神。最好破除界限，不论何等工作，只要于生理上心理上相宜的，都可以自由选择，都可以让他们共同操作。要是试验了成绩很好，那就可以推行到别的学校了。

还有一层，中国的戏剧，不许男女合演。用男子来假装女子，这是最不自然的，所以扭扭捏捏，不但演剧时不合女子的态度，反把平日间本人的气概都改变了。我不喜观旧剧，对于学生演新剧，亦不大欢迎，就是为此。但现在男女尚不能同校，若要合男女学生试演新剧，学生的父母不是要大不答应的么？我以为此事也可由贫儿院先来试办。先就译本的西剧中，选几种悲剧来试演，演得纯熟了，要是开筹款会，就可以演给来宾看看，不专靠现在男生的唱歌，女生的跳舞了。要是有几个学生演得很好，就可以作为改良戏剧的起点，不是很有关系么？

以上三端，都想借贫儿院试试男女共同操作的习惯，是我第三种的希望。

我有上述的特别感想，与这三种希望，所以看得贫儿院非常重要。尤希望男女来宾竭力替他筹款，不但帮他维持还要帮他发展呵！

新教育与旧教育之歧点

（在天津中华书局"直隶全省小学会议欢迎会"演说）

今日承京津中华书局代表之招，得与诸先生晤言一堂，不胜荣幸。中华书局为供给教育资料之机关，诸君子皆有实施教育之职务，今日所相与讨论者，自然为教育问题。鄙人于小学教育，既未有经验，又于直隶省教育情形，未有所考察，不能为切实之贡献，谨以平日对于教育界之普通感想，质之于诸先生。

夫新教育所以异于旧教育者，有一要点焉：即教育者，非以吾人教育儿童，而吾人受教于儿童之谓也。吾国之旧教育，以养成科名仕宦之材为目的。科名仕宦，必经考试；考试必有诗文；欲作诗文，必不可不识古字，读古书，记古代琐事。于是先之以《千字文》《神童诗》《龙文鞭影》《幼学须知》等书，进之以《四书五经》，又次则学为八股文、五言八韵诗；其他若自然现象，社会状况，虽为儿童所亟欲了解者，均不得阑入教科，以其与应试无关也。是教者预定一目的，而强受教者以就之；故不问其性质之动静，资禀之锐钝，而教之止有一法，能者奖之，不能者罚之；如吾人之处置无机物然，石之凸者平之，铁之脆者煅之；如花匠编松柏为鹤鹿焉；如技者教狗马以舞蹈焉；如凶汉之割折幼童，而使为奇形怪状焉；追想及之，令人不寒而栗。新教育则否，在深知儿童身心发达之程序，而择种种适当之方法以助之。如农学家之于植物焉，干则灌溉之，弱则支持之，畏寒则置之温室，需食则资以肥料，好光则覆以有色之玻璃；其间种类之别，多寡之量，皆几经实验之结果，而后选定之；且随时试验，随时改良，决不敢挟成见以从事焉。故治新教育者，必以实验教育学为根柢。实验教育学者，欧美最新之科学，自实验心理学出，而尤与实验儿童心理学相关。其所试验者，曰感觉之阈，曰感觉之分别界，曰空间与时间之表象，曰反射，曰判断，曰注意力，曰同化作用，曰联想，曰意志之阅历，曰统觉，凡一切心理上之现象皆具焉。其试验之也或以仪器，或以图画，或以言语，或以文字；其所为比较者，或以年龄，或以男女之别，或以外界一切之关系，或以祖先之遗传性，因而得种种普通之例，亦即因而得种种差别之点。虽今日尚未达完全之域，然研究所得，视昔之纯凭臆测者，已较有把握矣。

因而知教育者，与其守成法，毋宁尚自然，与其求画一，毋宁展个性。请举新教育之合于此主义者数端。一曰托尔斯泰（Tolstoj）之自由学校。其建设也，尚在实验教育学未起以前，乃本卢梭裴斯、泰洛齐、弗罗、贝尔等之自然主义而推演之者；其学生无一定之位置，或坐于橙，或登于棹，或伏于窗槛，或踞于地板，惟其所欲；其课程亦无定时，惟学生之愿，常以种种对象间厕而行之；其教授之形式，惟有问答。闻近年比利时亦有此种学校，鄙人欲索其章程，适欧战起，比为德所据，不可得矣。二曰杜威（Dewey）之实用主义。杜威尝著《学校与普通生活》一书，力言学校教科与社会隔绝之害，附设一学校于芝加哥大学，即以人类所需之衣食住三者为工事标准，略分三部：一曰手工，如木工金工之类；二曰烹饪；三曰缝织，而描画模型等皆属之。即由此而授以学理，如因烹饪而授以化学，因裁缝而授以数学，因手工而授以物理学博物学，因原料所自出而授以地理学，因各时代各民族工艺若服食之不同而授以历史学人类学等是也。三曰蒙台梭利之儿童室，即特设各种器具以启发儿童之心理作用者。是也。吾国已有译本，想诸君已见之。四曰某氏之以工作为操练说。此说不忆为何人所创，大约以能力说为基础。能力者，西文所谓 Energy

也。近世自然哲学，以世界一切现象，不外乎能力之转移，如燃煤生热，热能蒸水成汽，汽能运机，机能制品，即一种能力之由煤而热，而汽，而机，而器，递相转移也。惟能力之转移，有经济与不经济之别，如水力可以运机发电，而我国海潮瀑布之属，皆置而不用，是即不经济之一端也。近世教育，如手工、图画等科，一方面为目力手力之操练，而一方面即有成绩品，此能力转移之经济者也。其他各种运动，大率止有操练，并无出品，则为不经济之转移。若合个人生理及社会需要两方面而研究之，设为种种手力足力之工作，以代拍球蹴球之戏，设为种种运输之工作，以利用竞走竞漕之役，则悉于体育之中养成勤务之习惯，而一切过激之动作，凌人之虚荣心，亦可以免矣。其他类是之新说，为鄙人所未知者，尚不知凡几，亦足以见现代教育界之进步矣。吾国教育界，乃尚牢守几本教科书，以强迫全班之学生，其实与往日之三字经四书五经等，不过五十步与百步之相差。欲救其弊，第一，须设实验教育之研究所。第二，教员须有充分之知识，足以应儿童之请益与模范而不匮。第三，则供给教育品者，亦当有种种参考之图画与仪器，以供教员之取资。如此，则始足语于新教育矣。

教育之对待的发展

（八年二月）

　　吾人所处之世界，对待的世界也。磁电之流，有阳极则必有阴极，植物之生，上发枝叶，则下苗根荄：非对待的发展乎？初民数学之知识，自一至五而已；及其进步，自五而积之，以至于无穷大，抑亦自一而折之，以至于无穷小：非对待的发展乎？古人所观察之物象，上有日月星辰，下有动植水土而已；及其进步，则大之若日局之组织，恒星之光质，小之若微生物之活动，原子电子之配置，皆能推测而记录之：非对待的发展乎？

　　教育之发展也亦然。在家族主义时代所教训者，夫妇亲子兄弟间之关系孝弟亲睦而已。及其进而为家族的国家主义，则益以君臣朋友二伦，所扩张者犹是人与人之关系。而管仲之制，士之子恒为士，农之子恒为农，工之子恒为工，商之子恒为商，幼而习焉不见异物而迁。李斯之制，焚诗书百家语，欲习法令者，以吏为师。是个人职业教育之自由犹被限制也。进而为立宪的国家，一方面认个人有思想言论集会之自由，是为个性的发展：一方面有纳税当兵之义务，对于国家而非对于君主，是为群性的发展。于是有所谓国民教育者。两方面发展之现象，亦以渐分明。虽然，群性以国家为界，个性以国民为界：适于甲国者。不必适于乙国。于是持军国民主义者，以军人为国民教育之标准：持贵族主义者，以绅士为标准；

持教会主义者，以教义为标准；持实利主义者，以资本家为标准：个人所有者，为"民"权而非"人"权；教育家所行者，为"民权的"教育而非"人格的"教育。自人类智德进步，其群性渐溢乎国家以外，则有所谓世界主义若人道主义；其个性渐超乎国民以上而有所谓人权若人格。科学研究也，工农集会也，慈善事业之进行也，既皆为国际之组织，推之于一切事业将无乎不然；而个人思想之自由，则虽临之以君父，监之以帝天，囿之以各种社会之习惯，亦将无所畏蒽而一切有以自申。盖群性与个性之发展，相反而适以相成，是今日完全之人格，亦即新教育之标准也。持个人的无政府主义者，不顾群性；持极端的社会主义者，不顾个性。是为偏畸之说，言教育者其慎之。

吾友黄郛君著《欧战之教训及中国之将来》，对于吾国教育之计画有曰："立国于二十世纪，非养成国民具体两种相反对之性质不可：曰个人性与共同性……今次欧战教训。无论其国民对于国家如何忠实，若仅能待命而动，无独立独行之能力者，终不足以担负国家之大事。年前法国教育家钮渥曾著一论，谓'从前世人尝有一疑问，谓教育之目的，究系为个人乎？抑为社会与国家乎？如为个人也，宜助长个性之发达，是与共同组织有碍也；如为社会与国家也，宜奖励共同性之养成，是阻止个性之发达也。吾今敢确切答复曰，此后国家之生存，必须全体国民同时具备此两面之资格而后可。故此后教育家之任务，在发见一种方法，能使国民内包的个性发达，同时使外延的社会与国家之共同性发达而已矣'。盖惟此二性具备者，方得谓此后国家所需要之完全国民也。"黄君之言，足以证教育对待的发展之义矣。余惜其仅为国民教育言，一间未达，故广其义，以著于篇，备今之言新教育者参考焉。

文化运动不要忘了美育

现在文化运动已经由欧美各国传到中国了。解放呵！创造呵！新思潮呵！新生活呵！在各种周报日报上，已经数见不鲜了，但文化不是简单，是复杂的。运动不是空谈，是要实行的。要透澈复杂的真相，应研究科学。要鼓励实行的兴会，应利用美术。科学的教育在中国可算有萌芽了。美术的教育，除了小学校中机械性的音乐图画以外，简截可说是没有。

不是用美术的教育，提起一种超越利害的兴趣，融合一种画分人我的僻见，保持一种永久平和的心境；单单凭那个性的冲动，环境的刺激，投入文化运动的潮流恐不免有下列三种的流弊：（一）看得很明白，责备他人也很周密，但是到了自己实行的机会，给小小的利害绊住，不能不牺牲主义。（二）借了很好的主义作护身符，放纵卑劣的欲望，到劣迹败露了，叫反对党把他的污点，影射到神圣主义上，增了发展的阻力。（三）想用简单的方法，短少的时间，达他的极端的主义，经了几次挫折，就觉得没有希望，发起厌世观，甚且自杀。这三种流弊，不是渐渐发见了么？一般自号觉醒的人，还能不注意么？

文化进步的国民，既然实施科学教育，尤要普及美术教育。专门练习的，既有美术学校、音乐学校、美术工艺学校、优伶学校等，大学校又设有文学、美学、美术史、乐理等讲座与研究所。普及社会的，有公开的美术馆或博物院，中间陈列品，或由私人捐赠，或用公款购置，都是非常珍贵的。有临时的展览会。有音乐会。有国立或公立的剧院，或演歌舞剧，或演科白剧，都是由著名的文学家音乐家编制的。演剧的人，多是受过专门教育，有理想有责任心的。市中大道，不但分行植树，并且间以花畦，逐次移植应时的花。几条大道的交叉点，必设广场，有大树，有喷泉，有花坛，有雕刻品，小的市镇，总有一个公园。大都会的公园，不止一处，又保存自然的林木，加以点缀，作为最自由的公园。一切公私的建筑，陈列器具，书肆与画肆的印刷品，各方面的广告，都是从美术家的意匠构成。所以不论那一种人，都时时刻刻有接触美术的机会。我们现在除文字界，稍微有点新机外，别的还有什么？书画，是我们的国粹，都是模仿古人的。古人的书画，是有钱的收藏了，作为奢侈品不是给人人共见的。建筑雕刻，没有人研究。在嚣杂的剧院中，演那简单的音乐，卑鄙的戏曲。在市街上散步，止见飞扬尘土，横冲直撞的车马，商铺门上贴着无聊的春联，地摊上出售那恶俗的花纸。在这种环境中讨生活，什么能引起活泼高尚的感情呢？所以我很望致力文化运动诸君，不要忘了美育。

北京大学校役夜班开学式演说

　　校役夜课，各学校早有行之者。本校开办已二十年，至今日而始能开学，实为抱歉之事。在常人之意，以学校为学生而设，与校役何涉。不知一种社会，无论小之若家庭，若商店，大之若国家，必须此一社会之各人皆与社会有休戚相关之情状，且深知此社会之性质，而各尽其一责任。故无人不当学，而亦无时不当学也。诸位看我年纪，已亦不小，事情亦颇忙，然我当有暇时，尚不废学。本校职员，皆自励于学，学生，则职员助之为学。惟诸位独无就学之机会，未免偏枯。此所以有夜课之设，而且今日特举此郑重之开学式也。我以为夜课之有益于诸位者有二：（一）有益于现在之地位。诸位现在所任之事，或在教室，或在图书馆，或在庶务处。能书能算，则于送信购物等事，不致误会；略涉理科，则于搬运仪器，检收药品之事，可有把握；略解外国语，则于外国教员，或来宾之往来，易于应对；且略知修身大义，则于卫生之道，勤勉诚实之行，皆能心知其意，而切实行之，必不至有不正之行，取非分之财，亦将不至因境遇之不如人，而酿成神经病。（二）有益于他种职业之预备。在校之人，既人人与本校休戚相关，自愿其永久在校任事。然事变无常，或以校务之改变，或以本人境遇之关系，有不能不离校者，若仅恃前清时代公馆中门房打杂之普通技能以应，也恐人浮于事，难得相当位置。今受此夜课之教育，知书算则可应用于商店；知理科大意，则改习农工各业，易于见长；若于性之所近，力求进步，亦未尝不可成为学者，为乡村学校教师。此皆有益于诸位者也。故学生诸君，特以就学之暇，为诸位担任教科，他人为诸位尚热心如此，诸位自己对于切身之事，岂不更宜热心？本校开办夜课之始，不能不特设奖励及惩戒之例，以防流弊。然终望诸位人人勤奋，使惩奖之例，竟可废撤，则尤我之所希望也。

在平民夜校开学日的演说

（九年一月十八日）

今日为北京大学学生会平民夜校开学日，此事不惟关系重大，也是北京大学准许平民进去的第一日。从前这个地方，是不许旁人进去的；现在这个地方，人人都可以进去。从前马神庙北京大学挂着一块牌，写着"学堂重地，闲人免入"，以为全国最高的学府，只有大学学生同教员可以进去，旁人都是不能进去的——这种思想，在北京大学附近的人，尤其如此——现在这块牌已竟取去了。

北京大学第一步的改变，便是校役夜班之开办。于是二十多年的京师大学堂里面，听差的也可以求学。从前京师大学堂里面的听差，不过赚几个钱，喊几声大人老爷；现在北京大学替听差的开个校役夜班，他们晚上不当差的时候，也可以随便的求点学问。于是大学中无论何人，都有了受教育的权利。不过单是大学中人有受教育的权利，还不够；还要全国人享受这种权利才好。所以先从一部分做起，开办这个平民夜校。"平民"的意思，是"人人都是平等的"。从前只有大学生可受大学的教育，旁人都不能够，这便算不得平等。现在大学生分其权利，开办这个平民夜校，于是平民也能到大学去受教育了，大学生为什么要办这个平民夜校呢？因为他们自己已竟有了学问，看见旁的兄弟姊妹没有学问，自己心中很难过！

好像自己饱了，看见许多的兄弟姊妹都还饿着，自己心中就很难过一样。"一个人不但愁着肚子饿，而且怕脑子饿。"大学生看见许多弟弟妹妹的肚子饿，固然难过；他们看见你们的脑子饿，也是很难过的。因为人没有学问，不认识字，是很苦的一件事，甚至有写封信还要请人去写。要是自己会写，还受这种苦吗？我们有手而不能用，有目而不能见，我们心中一定很难过：我们的脑子饿了，看个电影也不能懂得，又何尝不是一样的苦呢？譬如大学生从小学到中学，现在又到大学，仿佛已竟吃的很多。要是看见旁人没有学问，没有知识，常常受"脑饿"的痛苦，他们自己一定很难过，很不爽快——因为不平——所以愿为大家尽力，开办这个平民夜校。大学生一方面既有这种好意思，住在大学附近的人家，也把他的子弟送去求学。现在竟有四百多人，仿佛肚子饿了要去求食一样。这种意思，实在好极；也算不负了办平民夜校的热心。

办平民夜校的。固然要热心，我对于夜校的学生同家长，还有两层希望：

一　教职员既然拿出全副的精神教我们，我们进去一两天后，觉得没有什么新奇，于是就不去了。要是这样，仿佛也对不起教员的一番热心。

二　住在大学附近的，才有这种特别权利，那些住得较远的，不能享着这种权利的，你们应该觉得很难过，把你们所已知的传达给他们——你们的亲戚或朋友——使他们的子弟也人他们附近的平民夜校去求学。

这都是很要紧的，这也是我所望于办平民夜校的与你们的。

去年五月四日以来的回顾与今后的希望

（九年五月作）

去年五月四日，是学生界发生绝大变化的第一日。一转瞬间，已经过了一年了。我们回想，自去年五四运动以后，一般青年学生，抱着一种空前的奋斗精神，牺牲他们的可宝贵的光阴，忍受多少的痛苦，作种种警觉国人的工夫。这些努力，已有成效可观。维尔赛对德和约，我国大多数有知识的国民，本来多认我国为不应当屈服，但是因为学生界先有明显的表示，所以各界才继续加入一直促成拒绝签字的结果。政府应付外交问题，利用国民公意作后援，这是第一次。到去年年底的时候，日本人要求我们政府同他直接交涉山东问题，也是一半靠着学生界运动拒绝，所以直接交涉，到今日还没有成了事实。一年以来，因为学生有了这种运动，各界人士也都渐渐知道注意国家的重要问题，这个影响实在不小。学生界除了对于政治的表示以外，对于社会也有根本的觉悟。他们知道政治问题的后面，还有较重要的社会问题，所以他们努力实行社会服务，如平民学校平民讲演，都一天比一天发达。这些事业，实在是救济中国的一种要着。况且他们从事这种事业，可以时时不忘作人表率的责任，因此求学更要勉力。他们和平民社会直接接触，更是增进阅历的一个好机会。这是于公于私，两有益的。但是学生界的运动。虽然得了这样的效果，他们的损失，却也不小。人人都知道罢工罢市，损失很大，但是罢课的损失还要大。全国五十万中学以上的学生，罢了一日课，减少了将来学术上的效能，当有几何？要是从一日到十日，到一月，他的损失，还好计算么？况且有了罢课的话柄，就有懒得用工的学生，常常把这句话作为运动的目的，就是不罢课的时候除了若干真好学的学生以外，普通的就都不能安心用工。所以从罢课的问题提出以后，学术上的损失，实已不可限量。至于因群众运动的缘故，引起虚荣心、倚赖心，精神上的损失，也着实不小。然总没有比罢课问题的重要。

就上头所举的功效和损失比较起来，实在是损失的分量突过功效。依我看来，学生对于政治的运动，只是唤醒国民注意；他们运动所能收的效果，不过如此，不能再有所增加了，他们的责任，已经尽了。现在一般社会也都知道政治问题的重要，到了必要的时候他们也会对付的，不必要学生独担其任。现在学生方面最要紧的是专心研究学问。试问现在一切政治社会的大问题，没有学问，怎么解决？有了学问还恐怕解决不了吗？所以我希望自这周年纪念日起，前程远大的学生，要澈底觉悟：以前的成效万不要引以为功。以前的损失，也不必再作无益的愧悔。"从前种种譬如昨日死，以后种种譬如今日生。"打定主义，无论何等问题，决不再用自杀的罢课政策。专心增进学识，修养道德，锻炼身体。如有余暇，可以服务社会，担负指导平民的责任，预备将来解决中国的——现在不能解决的——大问题，这就是我对于今年五月四日以后学生界的希望了。

就任北京大学校长演说词

（六年一月）

五年前严幾道先生为本校校长时，予方服务教育部，开学日曾有所贡献于同校，诸君多自预科毕业而来，想必闻知。士别三日，刮目相见，况时阅数载，诸君较昔当必为长足之进步矣。予今长斯校，请更以三事为诸君告。

一曰抱定宗旨。诸君来此求学，必有一定宗旨，欲求宗旨之正大与否，必先知大学之性质。今人肄业专门学校，学成任事，此固势所必然。而在大学则不然。大学者，研究高深学问者也。外人每指摘本校之腐败，以求学于此者，皆有做官发财思想。故毕业预科者，多入法科，入文科者甚少，入理科者尤少。盖以法科为干禄之终南捷径也。因做官心热，对于教员，则不问其学问之浅深，惟问其官阶之大小，官阶大者，特别欢迎，盖为将来毕业有人提携也。现在我国精于政治者，多入政界，专任教授者甚少，故聘任教员，不得不聘请兼职之人，亦属不得已之举。究之外人指摘之当否，姑不具论。然弭谤莫如自修，人讥我腐败而我不腐败，问心无愧，于我何损？果欲达其做官发财之目的，则北京不少专门学校：入法科者，尽可肄业法律学堂，入商科者，亦可投考商业学校，又何必来此大学？所以诸君须抱定宗旨，为求学而来。入法科者非为做官，入商科者非为致富。宗旨既定，自趋正轨。诸君肄业于此，或三年，或四年，时间不为不多，苟能爱惜分阴，孜孜求学，则其造诣，容有底止。若徒志在做官发财，宗旨既乖，趋向自异。平时则放荡冶游，考试则熟读讲义；不问学问之有无，惟争分数之多寡；试验既终，书籍束之高阁，毫不顾问；敷衍三四年，潦草塞责；文凭到手，即可藉此活动于社会：岂非与求学初衷大相背驰乎？光阴虚过，学问毫无，是自误也。且辛亥之役，吾人所以革命，因清廷官吏之腐败。即在今日，吾人对于当轴，多不满意，亦以其道德沦胥。今诸君苟不于此时植其基，勤其学，则将来万一生计所迫，出而任事：担任讲席，则必贻误学生，置身政界，则必贻误国家。是误人也。误己误人，又岂本心所愿乎？故宗旨不可以不正大。此余所希望于诸君者一也。

二曰砥砺德行。方今风俗日偷，道德沦丧；北京社会尤为劣恶，败德毁行之事，触目皆是；非根基深固，鲜不为流俗所染。诸君肄业大学，当能束身自爱。然国家之兴替，视风俗之厚薄。流俗如此，前途何堪设想。故必有卓绝之士，以身作则，力矫颓俗。诸君为大学学生，地位甚高，肩此重任，责无旁贷。故诸君不惟思所以感己，更必有以励人。苟德之不修，学之不讲，同乎流俗，合乎污世，已且为人轻侮，更何足以感人？然诸君终日伏首案前，芸芸攻苦，毫无娱乐之事，必感身体上之苦痛。为诸君计，莫如以正当之娱乐，易不正当之娱乐，庶于道德无亏，而于身体有益。诸君入分科时，曾填写愿书，遵守本校规则，苟中道而违之，岂非与原始之意相反乎？故品行不可以不谨严。此余所希望于诸君者二也。

三曰敬爱师友。教员之教授，职员之任务，皆以图诸君求学之便利，诸君能无动于衷乎？至于同学，共处一堂，尤应互相亲爱，庶可收切磋之效。余见欧人购物者，每至店肆，店伙殷勤款待，付价接物，互相称谢。薄物细故，犹恳挚如此；况学术传习之大端乎？对于师友之敬爱，此余所希望于诸君者三也。

余到校任事，仅数日，校事多未详悉。前所计画者二事：

一曰改良讲义。诸君研究高深学问，自与中学高等不同，不惟恃教员讲授，尤赖一己潜修。以后所印讲义，只列纲要，其详细节目，由教师口授后学者自行笔记，并随时参考，以期学有心得，能裨实用。

二曰添购书籍。本校图书馆书籍虽多，新出者甚少。刻拟筹集款项，多购新书，以备教员与学生之参考。今日所与诸君陈说者只此，以后会晤日长，随时再为商榷可也。

北京大学开学式之演说

（七年九月二十日）

　　大学为纯粹研究学问之机关，不可视为养成资格之所，亦不可视为贩卖知识之所。学者当有研究学问之兴趣，尤当养成学问家之人格。本校一年以来，设研究所，增参考书，均为提起研究学问兴趣起见。又如设进德会，书法画法乐理研究会，开校役夜班，助成学生银行，消费公社等，均为养成学生人格起见。此皆诸生所当注意者。且诸生须知既名大学，则万不可有专己守残之习。一年以来，于英语外，兼提倡法德俄意等国语，及世界语；于旧文学外，兼提倡本国近世文学，及世界新文学；于数理化等学外，兼征集全国生物标本，并与法京"巴斯德生物学院"协商设立分院。近并鉴于文科学生轻忽自然科学，理科学生轻忽文学哲学之弊，为沟通文理两科之计画。望诸生亦心知其意，毋涉专己守残之习也。

北京大学二十周年纪念会演说词

本校有二十五周年纪念会之预备，拟出大丛刊三种，业已宣布于日刊。至此次二十周年之纪念会，则临时由学生数人发起，不能多有所点缀。惟有今日之演说会，及预备补刊一纪念册而已。忆鄙人游学德国时，曾遇大学纪念会两次：一，来比锡大学之五百年纪念会，二，柏林大学之百年纪念会也。其间布置，大同小异，不外乎印刷品，演讲会，氅演大学历史之巡游队，晚餐会等而已。而时过境迁，所遗留者亦仅有印刷品，及记述之演说词耳。然则本校此次以演说会及纪念册为点缀，亦不必有何等不满足之感也。抑鄙人犹有感者，进化之例，愈后而速率愈增。柏林大学之历史。视来比锡大学不过五分一之时间，而发达乃过之。盖德国二十余大学中，以教员资格（偶有例外）、学生人数及设备完密等事序次之，柏林大学第一，门兴大学第二，而来比锡大学第三也。柏林为全国政治之中心，门兴为全国文学美术之中心，故学校之发达较易也。本校二十年之历史，仅及柏林大学五分之一，来比锡大学二十五分之一，苟能急起直追，何尝不可与为平行之发展。惜我国百事停滞不进，未能有此好现象耳。惟二十年中校制之沿革，乃颇与德国大学相类。盖德国初立大学时，本以神学、法学、医学三科为主，以其应用最广，而所谓哲学者，包有吾校文理两科及法科中政治经济等学，实为前三科之预备科。盖兴学之初，目光短浅，重实用而轻学理，人情大抵如此也。十八世纪以后，学问家辈出，学理一方面逐渐发达。于是哲学一科，遂驾于其他三科之上，而为大学中最重要之部分。近年弗朗福脱新设之大学，遂不设神学科矣。本校当二十年前创设时，仅有仕学师范两馆，专为应用起见。其后屡屡改革，始有八科之制，即经学、政法、文学、格致、选科、农科、工科、商科是也。民国元年，始并经科于文科，与德国新大学不设神学科相类。本年改组，又于文理两科特别注意，亦与德国大学哲学科之发达相类。所望内容以渐充实，能与彼国之柏林大学相颉颃耳。今日承前教育总长范静生先生莅会，范先生为本校创立时之职员，而本年对于大学改组之议，极端赞同，今日已允演说，必能饷吾等以宏论。又本校王长信学长及胡千之、章行严、陶孟和三教授，均有演说，而学生诸君，亦有代表一人，发布其意见，必皆有纪念之价值，谨先为介绍。

北京大学二十二周年开学式之训词

（八年九月）

　　今日为北京大学第二十二年的开学日。新到诸生，差不多占四分之一；本来旧生所知道的，也当为新生申说大概。况此次学潮以后，外边颇有谓北京大学学生，专为政治运动，能动不能静的。不知道本校学生，这次的加入学潮，是激于一时的爱国热诚，为特别活动，一到研究学问的机会，仍是非常镇静的。外边流言，实是误会。但是我们也不可不作"有则改之，无则加勉"的打算。所以我现在把北京大学的教育方针说说，不但给新生指示趋向，也是为旧生提醒一番的意思。

　　诸君须知大学，并不是贩卖毕业的机关，也不是灌输固定知识的机关，而是研究学理的机关。所以大学的学生，并不是熬资格，也不是硬记教员讲义，是在教员指导之下自动的研究学问的。为要达上文所说的目的，所以延聘教员，不但是求有学问的，还要求于学问上很有研究的兴趣，并能引起学生的研究兴趣的。不但世界的科学取最新的学说，就是我们本国固有的材料，也要用新方法来整理他。这种标准，虽不是一时就能完全适合，但我们总是向这方面进行。又如图书杂志仪器标本，研究学理上所必不可少的，我们限于经费，虽不能一时购置完善，但也是逐年增加的。且既然认定大学是研究学理的机关，对于纯粹学理的文理科，自当先作完全的建设。我们因文理科尚有许多门类，为经费与地位所限，不能一时并设，所以乘北洋大学同是国立，同有土木工科，采矿冶金科的关系，把工科归并北洋。即用工科的经费与教室实验室，来扩充理科的一部分。研究学理，不可不屏除纷心的嗜好，所以本校提倡进德会，对于嫖赌的恶习，官吏议员的运动，是悬为戒律的。研究学理，必要有一种活泼的精神，不是学古人"三年不窥园"的死法能做到的。所以本校提倡体育会、音乐会、书画研究会等，来涵养心灵。大凡研究学理的结果，必要影响于人生。倘没有养成博爱人类的心情，服务社会的习惯，不但印证的材料不完全，就是研究的结果也是虚无。所以本校提倡消费公社，平民讲演，校役夜班与新潮杂志等，这些都是本校最注重的事项，望诸君特别注意。

抑本校很愿多延各国硕学来校讲授，惜机会很不易得。今年适值杜威博士来华游历，本校得博士及哥仑比亚大学校长的允许，得请博士留华一年，在本校讲授哲学，这是很难得的机会。所以今日特请博士演说，并先为绍介。

北京大学之进德会旨趣书

　　今人恒言：西方尚公德，而东方尚私德；又以为能尽公德，则私德之出入，曾不足措意。是误会也。吾人既为社会之一分子，分子之腐败，不能无影响于全体。如疾疫然，其传染之广，往往出人意表。昔仪狄作酒，禹饮而甘之，曰："后世必有以酒亡其国者。"遂疏仪狄而绝旨酒。司马迁曰："夏之亡也以妹喜，殷之亡也以妲己。"子反涸于酒而楚以败。拿破仑惑于色而普鲁士之军国主义以萌。私德不修，祸及社会，诸如此类，不可胜数。又如吾国五六年来，政治界、实业界之腐败，达于极端。而祸变纷乘，浸至亡国者，宁非由于少数当局骄奢淫佚之余，不得已而出奇策以自救，遂不惜以国家为牺牲与？《易》曰："善不积，不足以成名；恶不积，不足以灭身；勿以小善为无益而弗为也，勿以小恶为无伤而为之。"鄙人二十年前，鉴于吾国谈社会主义者之因以自便，名为提倡，实增阻力，因言"惟于交际之间一介不苟者，夫然后可以言共产；又惟男女之间一毫不苟者，夫然后可以言废婚姻"（见《民国野史》乙编蔡孑民事略），正此意也。民国元年，吴稚辉、李石曾、汪精卫诸君，发起进德会于上海。会员别为三等：持不赌、不嫖、不娶妾三戒者，为甲等会员；加以不作官吏、不吸烟、不饮酒三戒，为乙等会员；又加以不作议员、不食肉，为丙等会员。当时论者颇以不作官吏不作议员二条为疑。然题名入会为甲等会员者踵相接矣。未几，鄙人以事由海道北行，同行者三十余人，李汪二君亦与焉。舟中或提议进德会事，自李汪二君外，同行者率皆当时之官吏若议员，群以官吏议员两戒为不便。乃去此两戒，别组一会，即以同舟之三十余人为发起人，而宋遁初君提议名为"六不会"，众赞成之。又同时发起一"社会改良社"，所揭著者凡三十六条，第一曰不狎妓，第二曰不置婢妾，第十九曰不赌博，第二十九条曰戒除伤生耗财之嗜好，犹六不会意也。其后为政潮所激荡，"六不会"若"社会改良社"之发起人，次第星散，未及进行；而进德会之新分子，则闲见于上海之报纸焉。北京自袁政府时代，买收议员，运动帝制，攫全国之公款，用之如泥沙，无所顾惜，则狂赌狂嫖，一方面驱于徼幸之心，一方面且用为钻营之术。谬种流传，迄今未已。鄙人归国以后，先至江浙各省，见夫教育实业各界，凡崭然现头角者，几无不以嫖赌为应酬之具，心窃伤之。比抵北京，此风尤甚。尤可骇者，往昔昏浊之世，必有一部分之清流，与敝俗奋斗，如东汉之党人，南宋之道学，明季之东林。风雨如晦，鸡鸣不已。而今则众浊独清之士，亦且踽踽独行，不敢集同志以矫末俗，洵千古未有之现象也。曾于南洋公学同学会（中央公园）及译学馆校友会（江西会馆）中，提议以嫖赌娶妾三戒编入会章，闻者未之注意也。其后见社会实进会规则，有此三戒；而雍君所发起之社会改良会，则专以此三者为条件。吾道不孤，助以张目。惜其影响偏于一隅。既承乏北京大学，常欲以南洋同学会、译学馆校友会所提议而未行者，试之于此二千人之社会。会一年来鞅掌于大体之改革，未遑及此。今改组之议，业已实行。而内部各方面之组织：若研究所，若教授会之属；体育会，书画研究会之属；银行，消费公社之属，皆次第进行。而进德会之问题，遂亦应时势之要求，而不能不从事矣。会中戒律，如嫖赌娶妾三事，无中外，无新旧，莫不认为不德，悬为厉禁，谁曰不然。官吏议员二戒，在普通社会或以为疑，而大学则当然有此（法科毕业生例外），教育者专门之业，学问者终身之事。委身学校而萦情部院，用志不纷之谓何？且或在学生时代，营营于文官考试，律师资格，而要求提前保送，此其躁进与科举时代之通关节何异？言之可为痛心！古谚曰：

"人不婚宦，情欲失半。"加特力教之神父，佛教之僧侣，例不婚娶；西洋大学问家，亦有持独身主义者：不婚尚可，不宦何难？至于烟、酒、肉食三戒，其贻害之大，虽不及嫖赌娶妾，其纷心之重，亦不及官吏议员，然而卫生味道之乐，亦恒受其障碍，故并存之。春秋三世之义，治起于衰乱之中，用心尚粗粗，及历升平而至太平，用心乃深而详，故崇仁义讥二名。今仿其例而重定进德会之等第如下：

甲种会员　不嫖，不赌，不娶妾。

乙种会员　于前三戒外，加不作官吏，不作议员二戒。

丙种会员　于前五戒外，加不吸烟，不饮酒，不食肉三戒。

入会之条件：

（一）题名于册，并注明愿为某种议员。

（二）凡题名入会之人，次第布诸日刊。

（三）本会不咎既往。传曰："人谁无过，过而能改，善莫大焉。"袁了凡曰："从前种种，譬如昨日死；以后种种，譬如今日生。"凡本会会员，入会以前之行为，本会均不过问（如已娶之妾亦听之）。同会诸人，均不得引以为口实。惟入会以后，于所认定之戒律有犯者罚之。

（四）本会俟成立以后，当公定罚章，并举纠察员若干人执行之。

入会之效用：

（一）可以绳己。谚曰："从善如登，从恶如崩。"吾国人在乡里多谨饬，而一到都会租界，则有放荡者。欧美人在本国多谨饬，而一到外国，则亦有放荡者。社会之制裁，有及有不及也。今以本会制裁之，庶不至于自放。

（二）可以谢人。欧美之学者、官吏、商人，均视嫖、赌、娶妾为畏途；偶有犯者，均讳莫如深。而我则狎妓征优，文人以为韵事；看竹寻芳，公然著之柬帖。官吏商贾，且以是为联络感情之一端。苟非画定范围，每苦无以谢人。今以本会为范围，则人有以是等相嬲者，径行距绝，亦不致有伤感情。

（三）可以止谤。语曰：止谤莫如自修；吾北京大学之被谤也久矣。

两院一堂也，探艳团也，某某等公寓之赌窟也，俸坤角也，浮艳剧评花丛趣事之策源地也，皆指一种之团体而言之。其他攻讦个人者，更不可以搂指计。果其无之，则礼义不愆，何恤于人言。然请本校同人一一自问，种种之谤，即有言之已甚者，其皆无凶而至耶？既有此因，则正赖有此谤以提撕吾人，否则沦胥以铺耳！不去其因而求弭谤，犹急行而避影也。其又何益？今以本会为保障，苟人人能守会约，则谤因既灭，不弭谤而自弭。其或未灭，则造因之范围愈狭，而求之不难尽多数之力以灭之，岂无望耶？

八年五月九日辞职出京启事

我倦矣！"杀君马者道旁儿。""民亦劳止，汔可小休。"我欲小休矣！北京大学校长之职，已正式辞去；其他向有关系之各学校，各集会，自五月九日起，一切脱离关系。特此声明，惟知我者谅之。

附北京大学文科教授程演生答学生常惠书

"杀君马者路旁儿。"《风俗通》曰，杀君马者路旁儿也。言长吏养马肥而希出，路旁小儿观之，却惊致死。按长吏马肥，观者快之，乘者喜其言，驰驱不已，至于死。

梁张士简用此意作《走马引》曰：良马龙为友，玉珂金作羁。驰骛宛与洛，半骤复半驰。倏忽而千里，光景不及移。九方惜未见，薛公宁所知。敛辔且归去，吾畏路旁儿。

蔡先生用此语，大约谓己所处之地位，设不即此审备所在，徒循他人之观快，将恐溺身于害也，与士简诗意正相合。所以上文曰："吾倦矣！"自伤之情，抑何深痛（元培案，引此语但取积劳致死一义，别无他意）！

"民亦劳止，汔可小休。"

《毛诗·大雅·民劳》第二章曰：民亦劳止，汔可小休。惠此中国，以为民逑。无纵诡随，以谨惛㤴。式遏寇虐，无俾民忧。无弃尔劳，以为王休。

蔡先生用此语，盖非取全章之义。所谓民者，或自射其名耳（孑民）。言已处此忧劳之余，庶几可以小休矣。倘取全章之义，则不徒感叹自身，且议执政者也（元培案，引此语但取劳则可休一义，别无他意）。

常惠君足下：顷讯蔡先生启事中引用之语，兹已检查明确，希即转示同学。"杀君马"之语，外面误解者亦甚夥，且有望文生意者，谓君者指政府，马者指曹章，路旁儿指各校学生。若是说去，成何意义？可发一笑。贤者虽明哲保身，抑岂忍重责于学生耶？综观以上所条举之书及诗，蔡先生引用此语之本心，读者当可了解矣。足下何日南下，有暇望过我一叙。此答。余不一一。五月十日，二古白。

告北京大学学生暨全国学生联合会书

（八年八月）

北京大学学生诸君，并请全国学生联合会诸君公鉴：诸君自五月四日以来，为唤醒全国国民爱国心起见，不惜牺牲神圣之学术以从事于救国之运动，全国国民，既动于诸君之热诚而不敢自外，急起直追，各尽其一分子之责任，即当局亦了然于爱国心之可以救国，而容纳国民之要求：在诸君唤醒国民之任务，至矣，尽矣，无以复加矣！社会上感于诸君唤醒之功，不能为筌蹄之忘，于是开会发电，无在不愿与诸君为连带之关系。此人情之常，无可非难。然诸君自身，岂亦愿永羁于此等连带关系之中，而忘其所牺牲之重任乎？世界进化，实由分功；凡事之成，必资预备。即以提倡国货而言，贩卖固其要务，然必有制造货品之工厂，与培植原料之农场，以开其源。若驱工厂农场之人材而悉从事于贩卖，其破产也可立而待。诸君自思，在培植制造时代乎？抑在贩卖时代乎？我国输入欧化，六十年矣：始而造兵，继而练军，继而变法，最后乃始知教育之必要。其言教育也，始而专门技术，继而普通学校，最后乃始知纯粹科学之必要。吾国人口号四万万，当此教育万能科学万能时代，得受普通教育者百分之几，得受纯粹科学教育者万分之几。诸君以环境之适宜，而有受教育之机会，所以对吾国新文化之基础，而参加于世界学术之林者，皆将有赖于诸君。诸君之责任，何等重大！今乃参加大多数国民政治运动之故而绝对牺牲之乎？抑诸君或以唤醒同胞之任务，尚未可认为完成，不能不再为若干日之经营，此亦非无理由。然以仆所观察，一时之唤醒，技止此矣，无可复加。今若为永久唤醒，则非有以扩充其知识，高尚其志趣，纯洁其品性，必难幸致。自大学之平民讲演，夜班教授，以至于小学之童子军，及其他学生界种种对于社会之服务，固常为一般国民之知识，若志趣，若品性，各有所适用矣。苟能应机扩充，持久不怠，影响所及，未可限量；而其要点，尤在注意自己之知识，若志趣，若品性，使有左右逢原之学力，而养模范人物之资格，则推寻本始，仍不能不以研究学问为第一责任也。且政治问题，因缘复杂：今日见一问题，以为至重要矣，进而求之，犹有重要于此者。自甲而乙，又自乙而丙丁，以至癸子等等，互相关联。故政客生涯，死而后已。今诸君有见于甲乙之相联，以为毕甲不足，必毕乙而后可，岂谓乙以下之相联而起者，曾无已时。若与之上下驰逐，则夸父逐日，愚公移山，永无踌躇满志之一日，可以断言。此次世界大战，德法诸国，均有存亡关系，罄全国胜兵之人，为最后之奋斗，平日男子职业，大多数已由妇女补充，而自小学以至大学，维持如故，学生已及兵役年限者，间或提前数月毕业，而未闻全国学生均告奋勇，舍其学业而从事于军队若职业之补充。岂彼等爱国心不及诸君耶？愿诸君思之。仆自出京预备杜门译书，重以卧病，遂屏外缘。乃近有恢复五四以前教育原状之呼声，各方面遂纷加责备，迫以复出。仆遂不能不加以考虑。夫所谓教育原状者，宁有外于诸君专研学术之状况乎？使诸君果已抱有恢复原状之决心，则往者不谏，来者可追，仆为教育前途起见，虽力疾从公，亦义不容辞。读诸君十三三电，均以力学报国为言，勤勤恳恳，实获我心。自今以后。愿与诸君共同尽瘁学术，使大学为最高文化中心，定吾国文明前途百年大计。诸君与仆等，当共负其责焉。

回任北京大学校长在全体学生欢迎会演说

（八年九月）

别来忽忽四个月。今日得与诸君相见，我心甚为愉快。但自我出京以后，诸君经了许多艰难危险的境遇：我卧病在乡，不能稍效斡旋维持之劳，实在抱歉得很。我以为诸君一定恨我骂我，要与我绝交了；不意我屡次辞职，诸君要求复职。我今勉强来了，与诸君相见，诸君又加以欢迎的名目，并陈极恳挚之欢迎词，真叫我感谢之余，惭愧的了不得。

诸君的爱国运动，事属既往，全国早有公论，我不必再加批评。惟我从别方面观察，觉得在这时期，看出诸君确有自治的能力，自动的精神，想诸君也能自信的。诸君但能在校中保持这种自治的能力，管理上就不成问题；能发展这种自动的精神，学问上除得几个积学的教员随时指导，有图书仪器足供参考试验外，没有甚么别的需要。至于校长一职，简直可不必措意了。

诸君都知道德国革命以前是很专制的。但是他的大学，是极端的平民主义；他的校长与各科学长，都是每年更迭一次，由教授会公举的；他的校长，由四科教授迭任，如甲年所举是神学科教授，乙年所举是医学科教授，丙年所举是法学科教授，丁年所举是哲学科教授，周而复始，照此递推。诸君试想，一科的教授，当然与他科的学生很少关系；至于神学科教授，尤为他科的学生所讨厌的；但是他们按年轮举，全校学生从没有为校长发生问题的。

我初到北京大学，就知道以前的办法，是一切学务都由校长与学监主任、庶务主任少数人办理，并学长也没有与闻的。我以为不妥，所以第一步组织评议会，给多数教授的代表，议决立法方面的事；恢复学长的权限，给他们分任行政方面的事。但校长与学长，仍是少数，所以第二步组织各门教授会，由各教授与所公举的教授会主任分任教务。将来更要组织行政会议，把教务以外的事务，均取合议制。并要按事务性质，组织各种委员会，来研究各种事务。照此办法，学校的内部组织完备，无论何人来任校长，都不能任意办事。即使照德国办法，一年换一个校长，还成问题么？

这一次爱国运动，要是认定单纯的目的，到德约决不签字，曹陆章免职，便算目的达到，可以安心上课了。不幸牵入校长问题，又生出许多支节，这不能不算是遗憾。所望诸君此后能保持自治的能力，发展自动的精神，并且深信大学组织日臻稳固，不但一年换一个校长，就是一年换几个校长，对于诸君研究学问的目的，是决无防碍的，诸君不要再为校长的问题分心，这就不辜负我们今日的一番聚会了。

在北京大学音乐研究会之演说词

　　今日为吾校音乐研究会开同乐会之日，溯自五月间，在青年会开会后，迄今已半载矣。中更停顿，无限感慨。音乐为美术之一种，与文化演进，有密切之关系。世界各国，为增进文化计，无不以科学与美术并重。吾国提倡科学，现已开始，美术则尚未也。欧洲各国，除有音乐专门学校以培植专门人才外，若音乐会，则时时有之。即小村落中，于星期日，亦在公园或咖啡馆内奏乐，若柏林、巴黎等大都会，更无论矣。吾国音乐，在秦以前颇为发达，此后反似退化。好音乐者，类皆个人为自娱起见，聊循旧谱，依式演奏而已。西洋音乐家，则往往有根据学理自制新谱者。盖创造之才，非独科学界所需要，美术界亦如是也。吾国今日尚无音乐学校，即吾校尚未能设正式之音乐科。然赖有学生之自动与导师之提倡，得以有此音乐研究会，未始非发展音乐之基础，所望在会诸君，知音乐为一种助进文化之利器，共同研究至高尚之乐理，而养成创造新谱之人材，采西乐之特长，以补中乐之缺点，而使之以时进步，庶不负建设此会之初意也。

北京大学画法研究会旨趣书

（七年四月十五日）

　　科学美术，同为新教育之要纲，而大学设科，偏重学理，势不能编入具体之技术，以侵专门美术学校之范围。然使性之所近，而无实际练习之机会，则甚违提倡美育之本意。于是由教员与学生各以所嗜特别组织之，为文学会、音乐会、书法研究会等，既次第成立矣。而画法研究会，因亦继是而发起。既承本校教员李毅士、钱稻荪、贝季美、冯汉叔诸先生之赞同，复承校外名家陈师曾、贺履之、汤定之、徐悲鸿诸先生之指导，会议数次，遂成立简单如下。所欲请诸会员注意者，画有雅俗之别，所谓雅者谓志趣高尚，胸襟潇洒，则落笔自殊凡俗，非谓不循规矩，随意涂抹，即是以标异于庸俗也。本会画法，虽课余之作，不能以专门美术学校之成例相绳。然既有志研究，且承专门导师之督率，不可不以研究科学之精神贯注之。庶数年以后，成绩斐然，不负今日组织斯会之本意，与诸导师热心提倡之盛意焉。

在北京大学画法研究会之演说词

今日为画法研究会第二次始业式。人数视前加增，是极好的现象。此后对于习画，余有二种希望，即多作实物的写生，及持之以恒二者是也。中国画与西洋画，其入手方法不同。中国画始自临模，外国画始自实写。芥子园画谱，逐步分晰，乃示人以临模之阶，此其故与文学、哲学、道德有同样之关系。吾国人重文学，文学起初之造句，必倚傍前人，入后方可变化，不必拘拟。吾国人重哲学，哲学亦因历史之关系，其初以前贤之思想为思想，往往为其成见所囿，日后渐次发展，始于已有之思想，加入特别感触，方成新思想。吾国人重道德，而道德自模范人物入手。三者如是，美术上遂亦不能独异。西洋则自然科学昌明，培根曰，人不必读有字书，当读自然书。希腊哲学家言物类原始，皆托于自然科学。亚里斯多德随亚力山大王东征，即留心博物学。德国著名文学家鞠台喜研究动植物，发见植物千变万殊，皆从叶发生。西人之重视自然科学如此，故美术亦从描写实物入手。今世为东西文化融和时代；西洋之所长，吾国自当采用。抑有人谓西洋昔时已采用中国画法者，意大利文学复古时代，人物画后加以山水，识者谓之中国派；即法国路易十世时，有罗科科派，金碧辉煌，说者谓参用我国画法。又法国画家有摩耐者，其名画写白黑二人，惟取二色映带，他画亦多此类，近于吾国画派。彼西方美术家，能采用我人之长，我人独不能采用西人之长乎？故甚望中国画者，亦须采西洋画布景实写之佳，描写石膏物像及田野风景，今后诸君均宜注意。此予之希望者一也。又昔人学画，非文人名士任意涂写，即工匠技师刻画模仿。今吾辈学画，当用研究科学之方法贯注之。除去名士派毫不经心之习，革除工匠派拘守成见之讥，用科学方法以入美术。美虽由于天才，术则必资练习。故入会后当认定主义，誓以终身不舍；兴到即来，时过情迁，皆当痛戒。诸君持之以恒，始不负自己入斯会之本意。此予之希望者二也。除此以外，余欲报告者三事：（一）花卉画导师陈师曾先生辞职，本会今后拟别请导师，俟决定后再行发表；（二）画会会所急求扩充，俟觅得相当地点，再行迁徙，与各会联络一起；（三）上学年所拟向收藏家借画办法，本年拟实行，拟请冯汉叔先生筹之。

北京大学新闻学研究会成立之演说

　　凡事皆有术而后有学。外国之新闻学，起于新闻发展以后。我国自有新闻以来，不过数十年，则至今日而始从事于新闻学，固无足怪。我国第一新闻，是为《申报》。盖以前虽有所谓邸抄若京报，是不过辑录成文，非如新闻之有采访，有评论也。故言新闻自《申报》始。《申报》为西人所创设，实以外国之新闻为模范。其后乃有《沪报》《新闻报》等。戊戌以后，始有《中外日报》《时报》《苏报》等。十五年前，鄙人在爱国学社办事时，与《苏报》颇有关系。其后亦尝从事于《俄事警闻》《警钟日报》等。其时于新闻术实毫无所研究，不过藉此以鼓吹一种主义耳。即其他《新闻报》《申报》等，虽专营新闻业，而其规模亦尚小。民国元年以后，新闻骤增；仅北京一隅，闻有八十余种。自然淘汰之结果，其能持续至今者，较十余年前之规模大不同矣。惟其发展之道，全恃经验，如旧官僚之办事然。苟不济之以学理，则进步殆亦有限。此吾人所以提出新闻学之意也。

　　新闻之内容，几与各种科学无不相关。外国新闻，多有特辟科学、美术、音乐、戏曲等栏者，固非专家不能下笔。即普通纪事，如旅行、探险、营业、犯罪、政闻、战报等，无不与地理、历史、经济、法律、政治、社会等学有关。而采访编辑之务，尤与心理学有密切之关系。至于记述辩论，则论理学及文学亦所兼资者也。根据是等科学，而应用于新闻界特别之经验，是以有新闻学。欧美各国，科学发达，新闻界之经验又丰富，故新闻学早已成立。而我国则尚为斯学萌芽之期，不能不仿《申报》之例，先介绍欧美新闻学。是为吾人第一目的。我国社会与外国社会有特别不同之点。因而我国新闻界之经验，亦与外国有特别不同之点。吾人本特别之经验而归纳之，以印证学理，或可使新闻学有特别之发展。是为吾人第二目的。想到会诸君均所赞成也。

抑鄙人对于我国新闻界尚有一种特别之感想。乘今日集会之机会，报告于诸君，即新闻中常有猥亵之纪闻若广告是也。闻英国新闻，虽治疗霉毒之广告，亦所绝无。其他各国，虽疾病之名词，无所谓忌讳，而春药之揭帖，冶游之指南，则绝对无之。新闻自有品格也。吾国新闻，于正张中无不提倡道德；而广告中则诲淫之药品与小说，触目皆是；或且附印小报，特辟花国新闻等栏；且广收妓寮之广告。此不特新闻家自毁其品格，而其贻害于社会之罪，尤不可恕。诸君既研究新闻学，必皆与新闻界有直接或间接之关系，幸有以纠正之。

国立北京大学校旗图说

　　各国的国旗，虽然也有采用天象动物、王冠等等图案，但是用色彩作符号的占多数。法国三色旗，说是自由、平等、博爱三大主义的符号，是最彰明较著的。我国国旗用五色，说是表示五族共和，也是这一类。我们现在所定的校旗，右边是横列的红蓝黄三色，左边是纵列的白色，又于白色中间缀黑色的北大两篆文并环一黑圈，这是借作科学、哲学、玄学的符号。

　　我们都知道：各种色彩，都可用日光七色中几色化成的。我们又都知道：日光中七色，又可用三种主要色化成的；现在通行三色印刷术，就是应用这个原理。科学界的关系，也是如是。世界事物，难然复杂，总可以用科学说明他们；科学的名目，虽然也很复杂，总可以用三类包举他们。那三类呢？第一，是现象的科学，如物理、化学等等；第二，是发生的科学，如历史学、生物进化学等等；第三，是系统的科学，如植物、动物、生理学等等。我们现在用红蓝黄三色，作这三类科学的符号。

　　我们都知道：白是七色的总和，自然也就是三色的总和了。我们又都知道：有一种哲学，把种种自然科学的公例贯串起来，演成普遍的原理，叫作自然哲学。我们又都知道：有几派哲学，把自然科学的原理，应用到精神科学，又把各方面的原理，统统贯串起来，如英国斯宾塞尔氏的综合哲学，法国孔德氏的实证哲学，就是。这种哲学，可以算是科学的总和；我们现在用总和七色的白来表示他。

但是人类求知的欲望，决不能以综合哲学与实证哲学为满足，必要侵入玄学的范围。但看法国当实证哲学盛行以后，还有别格逊的玄学，很受欢迎，就可算最显的例证了。玄学的对象，叔本华叫他作"没有理解的意志"；斯宾塞尔叫他作"不可知"；哈特曼叫他作"无意识"。道家叫作"玄"，释家叫作"涅槃"。总之，不能用科学的概念证明，全要用玄学的直觉照到的，就是了。所以我们用没有颜色的黑来代表他。

大学是包容各种学问的机关。我们固然要研究各种科学，但不能就此满足，所以研究融贯科学的哲学，但也不能就此满足，所以又研究根据科学而又超绝科学的玄学。科学的范围最广，哲学是窄一点儿，玄学更窄一点儿。就分门研究说：研究科学的人最多，其次哲学，其次玄学。就一人经历说：研究科学的时间最多，其次哲学，其次玄学。所以校旗上面，红蓝黄三色所占的面积最大，白次之，黑又次之。

这就是国立北京大学校旗所以用这几种色，而这几种色所占面积又不相同的缘故。

《学风》杂志发刊词

今之时代，其全世界大交通之时代乎？昔者，吾人以我国为天下，而西方人亦以欧洲为世界。今也，畛域渐化，吾人既已认有所谓西方之文明，而彼西方人者，虽以吾国势之弱，习俗之殊特，相与鄙夷之，而不能不承认为世界之一分子。有一世界博览会焉，吾国之制作品必与列焉。有大学焉，苟其力足以包罗世界之学术，则吾国之语文历史恒列为一科焉。有大藏书楼焉，苟其不以本国之文字为限，则吾国之图籍恒有存焉。有博物院焉，苟其宗旨在于集殊方之珍异，揭人类之真相，则吾国之美术品或非美术品必在所搜罗焉。此全世界大交通之证也。

虽然，全世界之交通非徒以国为单位，为国际间之交涉而已。在一方面，吾人不失其为家庭或民族或国家之一分子，而他方面则又将不为此等种种关系所囿域，与一切人类各立于世界一分子之地位，通力合作，增进世界之文化。此今日稍稍有知识者所公认也。夫全世界之各各分子，所谓通力合作以增进世界之文化者，为何事乎？其事固不胜举，而其最完全不受他种社会之囿域，而合于世界主义者，其惟科学与美术乎（科学兼哲学言之）？法与德世仇也，哲学文学之书互相传译，音乐图书之属互相推重焉。犹太人基督教国民所贱视也，远之若斯宾诺莎之哲学，哈纳之诗篇，近之若爱里希之医学，布格逊之玄学，群焉推之。其他犹太人之积学而主讲座于各国大学者，指不胜屈焉。波兰人亡国之民也，远之若哥白尼之天文学，米开维之文学，近之若居梅礼之化学，推服者无异词焉。而近今之以文学著者尚多，未闻有外视之者。东方各国，欧洲人素所歧视也，然而法国罗科科时代之美术参中国风，评鉴者公认之。意大利十六世纪之名画，多衬远景于人物之后，有参用中国宋元之笔意者，孟德堡言之。二十年来欧洲之图画受影响于日本，而抒情诗则受影响于中国，尤以李太白之诗为甚，野该述之。欧十八世纪之惟物哲学受中国自然教之影响也，十九世纪之厌世哲学受印度宗教之影响也，柏鲁孙言之。欧洲也，印度也，中国也，其哲学思想之与真理也，以算学喻之，犹三座标之同系于一中心点也，加察林演说之。其平心言之如此，故曰科学美术完全世界主义也。

方今全世界之人口号千五百兆而弱，而中国人口号四百兆而强，占四分之一有奇；其所居之地则于全球陆地五千五百万方里中占有四百余万方里，占十四分之一；其他产之丰腴，气候之调适，风景之优秀而雄奇，其历史之悠久，社会之复杂，古代学艺之足以为根柢，其可以供献于世界之科学美术者，何限？吾人试扪心而自问，其果有所供献否？彼欧洲人所谓某学某术受中国之影响者，皆中国古代之学术，非吾人所可引以解嘲者也。且正惟吾侪之祖先在交通较隘之时期，其所作述尚能影响于今之世界，历千百年之遗传以底于吾人，乃仅仅求如千百年以前所尽之责任而尚不可得，吾人之无以对世界，伊于胡底耶？且使吾人姑退一步，不遽责以如彼欧人能扩其学术势力于生活地盘之外，仅即吾人生活之地盘而核其学术之程度，则吾人益将无地以自容。例如中国之地质，吾人未之测绘也，而德人李希和为之。中国之宗教，吾人未之博考，而荷兰人格罗为之。中国之古物，吾人未能为有系统之研究也，而法人沙望、英人劳斐为之。中国之美术史，吾人未之试为也，而英人布绥尔爱铿、法人白罗克、德人孟德堡为之。中国古代之饰文，吾人未之疏证也，而德人贺斯曼及瑞士人谟脱为之。中国之地理，吾人未能准科学之律贯以记录之也，而法人若可侣为之。西藏之地理风俗，及古物，吾人未之详考也，而瑞典人海丁竭二十余年之力，考察而记录之。辛亥之革命，吾人尚未有原原本本之纪述也，法人法什乃为之。其他数世界地理、通世界史、世界文明史、世界文学史、世界哲学史，莫不有中国一部分焉。庖人不治庖，尸祝越俎而代之，使吾人而尚自命为世界之分子者，宁得不自愧乎？

吾人徒自愧，无补也。无已，则亟谋所以自尽其责任之道而已。人亦有言，先秦时代，吾人之学术较之欧洲诸国今日之所流行，业已具体而微：老庄之道学，非哲学乎？儒家之言道德，非伦理学乎？荀卿之正名，墨子之大取小取，以及名家者流，非今之论理学乎？墨子之《经说》，非今之物理学乎？《尔雅》《本草》，非今之博物学、药物学乎？《乐记》之言音律，《考工记》之言笋簴，不犹今之所谓美学乎？宋人刻象为楮叶，三年而后成，乱之楮叶之中而不可辨也，不犹今之雕刻乎？周客画策筑十版之墙，凿八尺之牖，以日始出时加之其上而观之，尽成龙蛇禽兽，车马万物之状备具，不犹今之所谓油画乎？归而求之有余师，闭门造车出门合辙，吾侪其以复古相号召可矣。奚以轻家鸡，宝野鹜，行万里路，而游学为？

虽然，西人之学术所以达今日之程度者，自希腊以来，固已积二千余年之进步而后得之。吾先秦之文化无以远过于希腊，当亦吾同胞之所认许也。吾与彼分道而驰，既二千余年矣，而始有羡于彼等所等之一境，则循自然公例，取最短之途径以达之可也。乃曰吾必舍此捷径，以二千余年前之所诣为发足点，而奔轶绝尘以追之，则无论彼我速率之比较如何，苟使由是而彼我果有同等之一日，我等无益于世界之耗费，已非巧历所能计矣。不观日本之步趋欧化乎？彼固取最短之径者也。行之且五十年，未敢曰与欧人达同等之地位也。然则吾即取最短之径以往，犹惧不及，其又堪迂道焉？且不观欧洲诸国之互相师法乎？彼其学术，固不失为对等矣，而学术之交通有加无已。一国之学者有新发明焉，他国之学术杂志竞起而介绍之。有一学术之讨论会焉，各国之学者相聚而讨论之。本国之高等教育既有完备之建设，而游学于各国者实繁有徒。检法国本学期大学生统计，外国留学者，德国二百四十人，英国二百十四人，意大利五百十四人，奥匈百三十五人，瑞士八十六人，俄国三千一百七十六人，北美合众国五十四人。又观德国本学期大学生统计，外国留学者，法国四十人，英国百五十人，意大利三十六人，奥匈八百八十七人，瑞士三百五十四人，俄国二千二百五十二人，北美合众国三百四十八人。其在他种高等专门学校，及仅在大学旁听者，尚不计焉。其他教员学生乘校假而为研究学术之旅行者尚多有之。法国且设希腊文史学校于雅典，拉丁文史学校于罗马，以为法国青年博士研究古人之所。设美术学校于罗马，俾巴黎美术学校高才生得于其间为高生之研究，学术同等之国，其转益多师也如此，其他则何如乎？故吾人而不认欧洲之学术为有价值也则已耳，苟其认之，则所以急取而直追之者固有其道矣。

或曰吾人之收外界文明也不自今始。昔者印度之哲学，吾人固以至简易之道得之矣，其高僧之渡来者，吾欢迎之，其经典之流入者，吾翻译之。其间关跋涉亲至天竺者，蔡愔、苏物、法显、玄奘之属廖廖数人耳。然而汉唐之间，儒家道家之言均为佛说所浸入，而建筑雕塑图画之术，皆大行印度之风；书家之所挥写，诗人之所讽咏，多与佛学为缘。至于宋代则明为辟佛，而其学术受佛氏之影响者益以深远。盖佛学之输入我国也至深博，而得之之道则至简易。今日之于欧化，亦若是则已矣。

虽然，欧洲之学术非可以佛学例之。佛氏之学非不闳深，然其范围以哲学之理论为限。而欧洲学术，则科目繁多，一科之中所谓专门研究者，又别为种种之条目。其各条目之所资以研究而参考者，非特不胜其繁，而且非浅尝者之所能卒尔而逯译也。且佛氏之学，其托于语言文字者已有太涉迹象之嫌，而欧洲学术则所资以传习者乃全恃乎实物。最近趋势，即精神科学亦莫不日倾于实验。仪器之应用，不特理化学也，心理教育诸科亦用之，实物之示教不特博物学也，历史人类诸科亦尚之。实物不足，济以标本，标本不具，济以图画；图画不周，济以表目。内革罗人之歌，以蓄音器传之；罗马之壁画，以幻灯摄之；莎士比亚所演之台舞，以模型表示之。其以具体者补袖象之语言如此，其他陈列所、博物院、图书馆种种参考之所，又复不胜枚举。是皆非我国所有也。吾人即及此时而设备之，亦不知经几何年而始几于同等之完备，又非吾人所敢悬揣也。然则，吾人即欲凭多数之译本以窥欧洲学术，较之游学欧洲者事倍而功半，固已了然。而况纯粹学术之译本，且求之而不可得耶？然则，吾人而无志于欧洲之学术则已，苟其有志，舍游学以外，无他道也。

且吾人固非不勇于游学者也。十年以前，留学日本者达三万余人。近虽骤减，其数闻尚逾三千人。若留欧之同学，则合各国而计之，尚不及数三分之一也。岂吾人勇于东渡，而怯于西游哉？毋亦学界之通阂，旅费之丰啬，有以致之？日本与我同种同文，两国学者常相与结文字之因缘，而彼国书报之输入所谓游学指南，旅行案内之属，不知不识之间，早留印象于脑海，一得机会，则乘兴而赴之矣。于欧洲则否。欧人之来吾国而与吾人相习熟者，外交家耳，教士耳，商人耳，学者甚少。即有绩学之士旅行于吾国者，亦非吾人之所注意。故吾人对于欧人之观察，恒以粗鄙近利为口实，以为彼之所长者枪炮耳，继则曰工艺耳，其最高者则曰政治耳。至于道德文章，则殆吾东方之专利品，非西人之所知也。其或不囿于此类之成见，而愿一穷其底蕴，则又以费绌为言。以为欧人生活程度之高，与日本大异，一年旅费非三倍于东游者不可，则又废然而返矣。

方吾等之未来欧洲也，所闻亦犹是耳。至于今日则对于学海之阔深，不能不为望洋向若之叹。而生活程度，准俭学会之所计画，亦无以大过于日本未尝不叹息于百闻不如一见之良言也。夫吾人今日之所见，既大殊于曩昔之所闻，则内国同胞之所闻，其有殊于吾人之所见，可推而知。鹿得革草以为美食，则呦呦然相呼而共食。田父负日之暄而暖，以为人莫知者，则愿举而献之于其君。吾侪既有所见，不能不有以报告于内国之同胞，吾侪之良心所命令也。以吾侪涉学之浅，更事之不多欧洲学界之争相，为吾侪所窥见者殆不逮万之一。以日力财力之有限，举吾侪之所窥见所能报告于同胞者，又殆不逮百之一。然则吾侪之所报告者不能有几何之价值，吾侪固稔知之。然而吾侪之情决不容以自己。是则吾侪之所以不自惭其谫陋，而有此《学风》杂志之发刊者也。

华法教育会之意趣

（民国五年三月二十九日在巴黎自由教育会会所演说）

今日为华法教育会发起之日，鄙人既感无限之愉快，尤抱无限之希望。盖尝思人类事业，最普遍最悠久者，莫过于教育。人类之进化，虽其间有迟速之不同，而其进行之涂辙，常相符合。则人类之教育，宜若有共同之规范。欲考察各民族之教育，常若不能不互相区别者，其障碍有二：一曰君主，二曰教会。二者各以其本国本教之人为奴隶，而以他国他教之人为仇敌者也。其所主张之教育，乌得不互相岐异？现今世界各国之教育，能完全脱离君政及教会障碍者，以法国为最。法国自革命成功，共和确定，教育界已一洗君政之遗毒。自一八八六年，一九零一年，一九一二年，三次定律，又一扫教会之霉菌，固吾侪所公认者。其在中国，虽共和成立，不过四年有奇，然追溯共和成立以前二千余年间，教育界所讲授之学说，自孔子、孟子以至黄梨洲氏，无不具有民政之精神。故君政之障碍，拔之甚易，而决不虑其复活。中国又素行信仰自由之风。道佛回耶诸教，虽得自由流布，而教育界则自昔以儒家言为主。儒家言本非宗教，虽有祭祀之礼，然其所崇拜者，以有功德于民，及以死勤事等条件为准，与法国哲学家孔德所提议之"人道教"相类。至今日新式之学校，则并此等儒家言而亦去之。是中国教育之不受君政教会两障碍，固与法国为同志也。教育界之障碍既去，则所主张者，必为纯粹人道主义。法国自革命时代，既根本自由、平等、博爱三大义，以为道德教育之中心点，至于今且益益扩张其势力之范围。近吾于弥罗君所著"强权嬗于强权论"中，读去年二月间法国诸校长恳亲会之宣言，有曰："我等之提倡人权，既历一世纪矣，我等今又为各民族之自由而战。"又于本年三月十五日之日报，读欧乐君之"理想与意志竞争论"，有曰："法人之理想，不问其为一人，为一民族，凡弱者亦有生存及发展之权利，与强者同。而且无论其为各人，为各民族，在生存期间，均有互助之义务。例如比利时、塞尔维亚、葡萄牙等，虽小在体魄，而大在灵魂，大在权利，不可不使占正当地位于世界以独利而进行。"其为人道主义之代表，所不待言。其在中国，虽自昔有闭关之号，然教育界之所传诵，则无非人道主义。例如孔子作《春秋》，区人治之进化为三世：一曰据乱世（由乱而进于治），二曰升平世（小康），三曰太平世。据乱之世，内其国而外诸夏（内者亲也，外者疏也）；升平之世，内诸夏而外夷狄；太平之世，夷狄进至于爵（与诸夏同），天下远近大小若一（以上见何休《公羊传·解诂》）。教化流行，德泽大洽，天下之人人有士君子之行而少过矣（以上见董仲舒《春秋繁露俞序篇》）。孔子又尝告子游曰："大道之行也，天下为公，选贤与能（与者举也），讲信修睦。故人不独亲其亲，不独子其子，使老有所终，壮有所用，幼有所长，鳏寡孤独废疾者皆有所养，男有分，女有归，货恶其弃于地也，不必藏于己，力恶其不出于己也，不必为己。是故谋闭而不兴，盗窃乱贼而不作，故外户而不闭，是谓大同。"又曰："圣人以天下为一家，中国为一人。"其他如子夏言"四海之内皆兄弟"，张横渠言"民吾同胞"，尤与法人所唱之博爱主义相合。是中国以人道为教育，亦与法国如同志也。夫人道主义之教育，所以实现正当之意志也。而意志之进行，常与知识及感情相伴。于是所以行人道主义之教育者，必有资于科学及美术。法国科学之发达，不独在科学固有之领域，乃又夺哲学之席，而有所谓科学的哲学。法国美术之发达，即在巴黎一市，观其博物院之宏富，剧院与音乐会之昌盛，美术家之繁多，已足证明之而有余。至中国古代之教育，礼乐并重，亦有兼用科学与美术之意义。《书》云"天秩有礼"。礼之始，固以自然之法则为本也。惟是数千年来，纯以哲学之演绎法为事，而未能为精深之观察，繁复之实验，故不能组成有系统之科学。美术则自音乐以外，如图画、书法、饰文等，亦较为发达，然不得科学之助，故不能有精密之技术，与夫有系统之理论。此诚中国所深欲以法国教育为师资，而又多得法国教育之助力，以促成其进化者也。今者承法国诸学问家之赞助，而成立此教育会。此后之灌输法国学术于中国教育界，而为开一新纪元者，实将有赖于斯会。此鄙人之所以感无限之愉快，而抱无限之希望者也。敬为中国教育界感谢诸君子赞助之盛意，并预祝华法教育会之发展。华法教育会万岁！

在北京留法俭学会讲演会演说辞

　　今古留法俭学会预备学校行开学式，鄙人愿为诸君略陈同人所以组织斯会与建设斯校之用意。盖世界动力之公例，常趋于力简而效速之方向。自然现象，两点之间，以直线为最短。故物体之下坠，光线之注射，苟非有特别阻力，必循直线而进行。社会之状态亦然。取火之法，自钻燧而击石以至于火柴；交通之法，由推轮而大辂以至于汽车：其用力愈简，其收效愈速。人故乐用之。人类进化之速率，远过于他种动物者，恃乎能学。使吾人生而在一未开辟之孤岛，如鲁滨逊然，则吾人虽终身劳动，亦仅仅能维持原人之生活而已。今在开化社会，前人之所经验，悉以其成效留贻吾人，使吾人得据以为较进之研究，而有较新之发明。如是吾人其所致力，或仅及前人，或且不及前人，而所得之效果，乃转视前人为胜，恃有学也。顾吾国固有学校矣，何以本会必劝人游学于外国？是亦有故。吾国学校之数，尚不足满愿学者之需。小学毕业者，或欲受中等教育而不得；中学毕业者，或欲受高等教育而不得：一也。吾国各学校之设备，尚不完全，亦不能悉得适当之教员；毕业之学生，仍不能与外国同等学校毕业生相较：二也。学校以外之设备，如藏书楼、博物院、动植物园、农场、工厂之属，吾国多未建设，不足以供学者之实习而参考，有事倍功半之虑：三也。故吾人不能不劝人游学。顾吾国游学之风，自曾文正派遣华童百人赴美留学以来，各著名之国，几无不有我国留学生者，同人独提倡留法何故？曰，同人均经留法。于法国教育界适宜吾国学生之点，知之较详，则举所知以介绍于国人。其他留美留德诸君，各介绍其所知，并行不悖，一也。同人之意，以为绅民阶级，政府万能，宗教万能等观念，均足为学问进步之障碍。所留学之国，苟有此种习惯，亦未始无影响于吾国之留学生。惟法国独无此种习惯，二也。欧美各国。生活程度均高，率非自费生所能堪。法国自巴黎以外，风气均极俭朴，其学校之不收学费，及所取膳宿费极廉者，所在多有。得以最俭之费用，求正当之学术，三也。吾国人恒言各国科学程度以德人为最高。同人所见，法人科学程度，并不下于德人。科学界之大发明家，多属于法。德人则往往取法人所发明而更为精密之研究。故两国学者谓之各有所长则可，谓之一优一劣则不可。吾国学者颇有研究之耐心，而特鲜发明之锐气，尤不可不以法人之所长补之，四也。至于留学法国，何以必用俭学之法？则因普通留法学生，率循每月四百佛郎之例；而自费生中能出此费者盖寡；即使能出此费，而用俭学法每月仅费一百佛郎，即可以其余三百佛郎供其他三学生之用，费少而成学益多。且不俭之学者，易驰心于外务，以耗其学力；律之以俭，而学益专。此则本会提倡俭学之意也。至本会所以必设预备学校者，以到法之时，苟于最浅法语，尚未涉及，则起居饮食，诸多不便。又依入境问禁，入国问俗之义，能于未入彼国以前，略谙彼国风习，必有便利之处。又在法虽云至俭，一年尚须费五六百元，而在本国则在三分之一以下。于预备学校中耗至少之费，而可以得入法时必需之知识，亦计之得者也。本会并已商订同志，于预备学校课程以外，为定期之演讲，将以国语演述学理，而随时写示法语中之专门名词，亦足为到法后读专门书之预备也。凡同人之所以组织斯会及斯校者，均以力简而效速之主义为准如是。至预备学校之创设。实始于民国元年。其时教育部曾拨借方家胡同一校舍；二年，部中欲以校舍供京师图书馆之用，本校始迁四川会馆；未几，因不堪袁政府之干涉而停办。今幸得民国大学诸君之赞成，而得在此开学，同人深所感谢。适京师图书馆有移往午门之筹备，本会已呈请教育部仍以方家胡同校舍拨归本会。俟迁入方家胡同后，本会并拟于预备学校以外，更组织一华法中小学校，按部定中小校令及规程办理，而外国语则用法语。毕业者或进本国大学，或赴法留学，均形便利。此又本会已定之计画，可以报告于诸君者也。

吾侪何故而欲归国乎

（旅法学界西南维持会之通告）

吾同学暑假期间方为种种之预备，而列强忽然宣战；欧洲文化，暂隐于枪林弹雨之中。吾同学中遂有于此时期倡归国之说者，不知何所见而云然也。夫多闻多见，次于上智，观赜观动，乃知天下。此次战局，为百年来所未有，不特影响所及，人权之消长，学说之抑扬，于世界文明史中必留一莫大之纪念；而且社会之组织，民族之心理，其缘此战祸而呈种种之变态者，皆足以新吾人蹈常习故之耳目，而资其研究。故使吾人稍稍蓄好奇之心，有济胜之具，虽在闾里，犹将挟策裹粮，为泰西之游；而乃不先不后，会逢其适者，转谋引避，是何故耶？其有一二修业已毕，归计早定，不因时局而中变，则亦已耳。乃留学未久者，亦忽为战祸所驱而东去，是何故耶？英京安全如故，濒于危险者，比法一隅耳。法国西南诸省，优足为比法同学暂避之所，何所谓危险者？至于地中海之戒严，胶州湾之攻击，与夫船少人挤，熏蒸致疾，及停船久待之虑：归国者之危险，宁减于留欧者耶？将曰恐旅费之不给耶？国内之汇寄，使馆之借垫，其道正多。藉曰无款，则归国之资何自而来耶？以留法同学之经验，共同生活月费七十佛郎而已足。至于归国川资，其数则巨，若移为留居之费，少则数月，多则年余。岂犹虑战局之不终而学费之不可以继续耶？将为战端既开，恐学校不复开课，游学之目的终不能达，不得不废然而返耶？近一二月，正在暑假期内，学校之停课也以此。苟暑假既毕而战祸未竣，在逼近战线诸地，虽未能克期开学；而安全之地，如西南各省，则专门普通诸校，必皆开课。法教育部言之矣。其他诸省，可以类推。若乃暑假将终，贸然返国，则即使力能再来，而入校之期，不免延误。其绌于川资者，所不待言。所谓弃游学之目的者，果谁任其咎耶？然则由各方面观察之，归国之说，言之既不成理，而持之亦非有故，殆发于一时之感情而决非审思熟虑而出之者。去留之间，关于学问之进退者甚大。愿诸同学审思而熟虑之，勿遽为一时之感情所动也。

欢迎柏卜先生演说词

吾人为集思广益起见，对于各友邦之文化，无不欢迎；以国体相同，而对于共和先进国之文化，尤所欢迎；以思想之自由，文学美术之优秀，彼此互相接近，而对于共和先进国中之法兰西，更绝对的欢迎。本校定于暑假后，开法国文学一门，并于预科中招法文生；又与保定之育德中学，天津之孔德中学协商均开中学法文班，以为卒业后升入本校之预备：皆吾人欢迎法国文化之计画也。今日承代表法兰西全国之公使柏卜先生惠临赐教，必于吾人输入法国文化之计画，增一强固之保证，吾人曷胜荣幸。

公使本法科学士，又毕业于政治学高等学校，历任欧洲各国及巴尔干诸国外交重要职务，最近为塞尔维亚公使。公使非独外交名家，且性情温和，而学问亦极精博，于历史问题，研究尤深，已多所刊布。近曾于《两世界》杂志中登《塞国出境记》，即记战时出境之状也。今日承公使允赐演词，必有极亲切之言论，足以代表全法国之态度，而使吾人永不能忘者。

柏卜公使所预备之演词，已由柏良材先生译成华文，将为未谙法语诸君宣读之。

吾人更有一可喜之事，则公使来吾国时，其至友杜伯斯古先生，适偕之而来。杜先生亦法科学士，并曾毕业于政治学高等学校，及东方语专门学校，游历外国者十年，于巴尔干诸问题知之尤详。今复游历中国，兼为《巴黎时报》记者。《时报》者，法国最大之报，亦世界最重要日报之一也。杜先生所著政治史学之书甚多，而尤好文学，于诸大杂志中亦多有其著作。今日将为吾人演说法国写景文学最近之进化，将举蒙派桑及比尔洛梯二家之文学以示例，对于吾人欢迎新文学之思潮，必能增无量之兴会也。

抑更有进者，吾人既欢迎各友邦文化，则凡世界文化之重大问题，吾人皆有休戚相关之感情：如吾人闻德人近日破坏比法意国境之古迹，常为之叹息痛恨是也。今日正值代表法国文化之诸名人在座，吾人不能不联想及于法国学术界最近之不幸事，即有多数著名之学者适于半年内次第去世是也。其最著者为新孔德（Comte）学派之狄尔干穆氏（Durkham），新陆谟克（Lamarck）派之生物学家洛当台克氏（Le Dentec），裴尔纳尔（Barnard）派之生理学家之达斯特氏（Dastre），巴斯德学院之生物化学家之伯尔特郎氏（Bertrand），法国学院之中国学家沙完氏（Chavin），皆于学术界有重大之供献，而于短时期间相继去世，岂非吾辈所至为关切者与？且伯尔特郎氏尝致力于中国生物学诸问题，并热心于华法教育事业：沙完氏曾留学中国，搜集中国古物甚多，印有专书，在法国学院讲授中国学术，前数月于巴黎大学开法华学会，沙完氏曾有演说，阐明中国儒术之优点；尤足引起吾人特殊之感情也。

中法协进公会开会词

（七年十月二十日在江西会馆开会）

今日我中法学务联合会同人所发起之中法协进会开会，承诸位男女来宾惠临，并承法国公使及我国立法行政界诸名公莅会，本会荣幸之至。方今世界大势，渐由国别而进于大同，不特政治问题，交涉频繁，即教育实业诸问题，亦无不有赖于各国人民之互助。故欧美各国，对于此种问题，常有万国协进会之举。我国向无此习，故同人等先从两国国际间着手。至所以首先举行中法协进会者，则亦有特别之原因二。其一，中法关系有特别密切之点。就实业上观察，中法同为小农制。我国留学生之习农业者，留法最多；华工之赴法者，已在十万人以上。就教育上观察，中法哲学家美术家类似之点甚多。鄙人曾于华法教育会演词举其例。法国革命以前，其思想家常引中国道家儒家之言以提倡自由平等；而中国革命以前，中国学者又译述卢梭、孟德斯鸠等学说以提倡自由平等：互相为师。阿拉教授曾言之。此非两国间有特别之关系与？其二，中法关系有亟待促进之点。中英、中美之关系，在我国业已发展。如中学校之外国语，多用英文，如青年会、清华学校、香港大学等，皆其例。而中法间则尚无此等好现象，有待于两国同志之经营。同人因此有中法学务联合会之组织。然兹事体大，决非本会少数人所能负担。故乘此教育部召集中学及专门以上各学校校长会议，各地方教育家同时来京之机会，特开此协进会以讨论之。所应讨论各问题，已于通告中提出，深望到会诸君，各以志愿分别签名于讨论会题名册。自明日起，将分组讨论，而后以二十七日报告讨论之结果于大会。本日承法公使、梁议长、傅总长、熊督办、张局长，及陆总长、叶次长代表魏华两先生惠允演说，必有崇论宏议足以指导吾人者。愿到会诸君注意焉。

北京孔德学校二周年纪念会演说词

今日是我们孔德学校第二周年日纪念会，兼且把两年来学生所作的成绩品陈列起来，开个展览会。回想第一周年的纪念会，学生要少一半，成绩品还不够陈列，觉得一年来有点儿进步，是很可喜的。

今日尤可喜的，是学生的家属同我们华法教育会会员到会的很多，而且法国公使的代表雷锐先生，法国领事魏武达先生，上海华法教育会分会干事高博爱先生，北京华法教育会会员贝熙业大夫，都肯到会。照法国风俗，今日是圣诞节，宗教上有一种仪式。法国朋友竟肯腾出时间到我们这个会。这种赞助的热心，是我们很感谢的！

我们这个学校，用孔德先生的姓作标榜，并不是他一个人的学问以外都不用注意，且并不是就用他的哲学来教授小学生。我们是取他注重科学精神，研究社会组织的主义，来作我们教育的宗旨。为注重科学精神，所以各种教科，偏重实地观察，不单靠书本子同教室的讲授，偏重图画、手工、音乐、运动等科，给学生练习视觉、听觉、筋觉。为研究社会组织，给学生时时有共同操作的机会。就是今日用学生所制造的物品出售，用作图书馆的基本金；而且各室记算招待等事，都由学生若干人合力办事，也是这个作用。即如教授国文，注重白话文，且用注音字母来画一语音，不但给学生容易了解，也是有社会上互通情意较为便利起见。我们这宗教法，不知道对不对，想到会诸君有了我们学生的成绩品，必定有确当的批评，可以告我们。这是我们所最希望的。

杜威博士六十生日晚餐会演说词

今日是北京教育界四团体公祝杜威博士六十岁生日晚餐会。我以代表北京大学的资格，得与此会，深为庆幸。我所最先感想的，就是博士与孔子同一生日。这种时间的偶合，在科学上没有什么关系。但正值博士留滞我国的时候，我们发见这相同的一点，我们心理上不能不有特别的感想。

博士不是在我们大学说现今大学的责任就在该东西文明作媒人么？又不是说博士也很愿分负此媒人的责任么？博士的生日，刚是第六十次；孔子的生日，已经过二千四百七十次，就是四十一又十个六十次。新旧的距离很远了。博士的哲学，用十九世纪的科学作根据：由孔德的实证哲学、达尔文的进化论、詹美士的实用主义递演而成的，我们敢认为西洋新文明的代表。孔子的哲学，虽不能包括中国文明的全部，却可以代表一大部分，我们现在暂认为中国旧文明的代表。孔子说尊王，博士说平民主义；孔子说女子难养，博士说男女平权；孔子说述而不作，博士说创造。这都是根本不同的。因为孔子所处的地位时期，与博士所处的地位时期，截然不同，我们不能怪他。但我们既然认旧的亦是文明，要在他里面寻出与现代科学精神不相冲突的，非不可能。即以教育而论，孔子是中国第一个平民教育家。他的三千个弟子，有狂的，有狷的，有愚的，有鲁的，有辟的，有喭的，有富的如子贡，有贫的如原宪；所以东郭子思说他太杂。这是他破除阶级的教育的主义。他的教育用礼、乐、射、御、书、数的六艺作普通学；用德行、政治、言语、文学的四科作专门学。照《论语》所记的，问仁的有若干，他的答语不一样；问政的有若干，他的答语也不是一样。这叫作是"因材施教"。可见他的教育，是重在发展个性，适应社会，决不是拘泥形式、专讲画一的。孔子说："学而不思则罔，思而不学则殆。"这就是经验与思想并重的意义。他说："多闻阙疑，慎言其余，多见阙殆。慎行其余。"这就是试验的意义。我觉得孔子的理想与杜威博士的学说很有相同的点。这就是东西文明要媒合的证据了。但媒合的方法，必先要领得西洋科学的精神，然后用他来整理中国的旧学说，才能发生一种新义。如墨子的名学，不是曾经研究西洋名学的胡适君，不能看得十分透澈，就是证据。孔子的人生哲学与教育学，不是曾经研究西洋人生哲学与教育学的，也决不能十分透澈，可以适用于今日的中国。所以我们觉得返忆旧文明的兴会，不及欢迎新文明的浓至。因而对于杜威博士的生日，觉得比较那尚友古人尤为亲切。自今以后，孔子生日的纪念，再加了几次或几十次，孔子已经没有自身活动的表示；一般治孔学的人，是否于社会上有点贡献，是一个问题。博士的生日，加了几次以至几十次，博士不绝的创造，对于社会上必更有多大的贡献。这是我们用博士已往的历史可以推想而知的。兼且我们作孔子生日的纪念，与孔子没有直接的关系；我们作博士生日的庆祝，还可以直接请博士的赐教。所以对于博士的生日，我们觉得尤为亲切一点。我敬敢代表北京大学全体举一觞祝杜威博士万岁！

在清华学校高等科演说词

（六年三月二十九日）

　　两种感想　鄙人今日参观贵校，有两种感想：一为爱国心，一为人道主义。溯贵校之成立，远源于庚子之祸变。吾人对于往时国际交涉之失败，人民排外之蠢动，不禁愧耻，而油然生爱国之心，一也。美国以正义为天下倡，特别退还赔款，为教育人才之用，吾人因感其诚而益信人道主义之终可实现，二也。此二感想，同时涌现于吾心中。夫国家主义与人道主义，初若不相容者。如国家自卫，则不能不有常设之军队。而社会之事业，若交通，若商业，本以致人生之乐利。乃因国界之分，遂反生种种障碍，种种垄断。且以图谋国家生存国力发展之故，往往不恤以人道为牺牲。欧洲战争，是其著例。吾人对于现在国家之组织，断不能云满意，于是学者倡无政府主义，欲破坏政府之组织，以个人为单位，以人道为指归。国家主义与世界主义之不相容，盖如此矣。而何以在贵校所得之二感想，同时盘旋于吾心中？岂非以今日为两主义过渡之时代，吾人固同具此爱国心与人道观念欤？国家主义与世界主义之过渡，求之事实而可征。今日世界慈善事业，若红十字会等组织，已全泯国界。各国工会之集合，亦以人类为一体。至思想学术，则世界所公本无国别，凡此皆日趋大同之明证。将来理想之世界，不难推测而知矣。盖道德本有三级：（一）自他两利；（二）虽不利己而不可不利他；（三）绝对利他，虽损己亦所不恤。人与人之道德有主张绝对利他，而今之国际道德，止于自他两利。故吾人不能不同时抱爱国心与人道主义。惟其为两主义过渡之时代，故不能不调剂之，使不相冲突也。

对于清华学生所希望　吾人之教育，亦为适应此时代之预备。清华学生，皆欲求高深之学问于国外，对于此将来之学者，尤不能无特别之希望，故更贡数言如下：

一曰发达个性　分工之理在以己之所长，补人之所短，而人之所长，亦还以补我之所短。故人类分子，决不当尽归于同化，而贵在各能发达其特性。吾国学生游学他国者，不患其科学程度之不若人，患其模仿太过而消亡其特性。所谓特性，即地理、历史、家庭、社会所影响于人之性质者是已。学者言进化最高级为各具我性，次则各具个性。能保我性，则所得于外国之思想言论学术，吸收而消化之，尽为"我"之一部，而不为其所同化。否则留德者，为国内增加几辈德人，留法者留英者，为国内增加几辈英人法人。夫世界上能增加此几辈有学问有德行之德人、英人、法人，宁不甚善？无如失其我性为可惜也。往者学生出外，深受激刺，其有毅力者，或缘之而益自发愤，其志行稍薄弱者，即弃捐其"我"而同化于外人。所望后之留学者，必须以我食而化之，而毋为彼所同化。学业修毕，更遍游数邦，以尽吸收其优点，且发达我特性也。

二曰信仰自由　吾人赴外国后，见其人不但学术政事优于我，即品行风俗亦优于我，求其故而不得，则曰是宗教为之。反观国内，黑暗腐败，不可救疗，则曰是无信仰为之。于是或信从基督教，或以中国不可无宗教，而又不愿自附于耶教，因欲崇孔子为教主，皆不明因果之言也。彼俗化之美，仍由于教育普及，科学发达，法律完备。人人于因果律知之甚明，何者行之而有利，何者行之而有害，辨别之甚析，故多数人率循正轨耳。于宗教何与？至于社会上一部分之黑暗，何国蔑有，不可以观察未周而为悬断也。质言之，道德与宗教，渺不相涉。故行为不能极端自由，而信仰则不可不自由。行为之标准，根于习惯；习惯之中，往往有并无善恶是非之可言，而社交上不能不率循之者。苟无必不可循之理由，而故与违反，则将受多数人无谓之嫌忌，而我固有之目的，将因之而不得达。故入境问禁，入国问俗，不能不有所迁就。此行为之不能极端自由也。若夫信仰则属之吾心，与他人毫无影响，初无迁就之必要。昔之宗教，本初民神话创造万物末日审判诸说，不合科学。在今日信者盖寡。而所谓与科学不相冲突之信仰，则不过玄学问题之一假定答语。不得此答语，则此问题终梗于吾心而不快。吾又穷思冥索而不得，则且于宗教哲学之中，择吾所最契合之答语，以相慰藉焉。孔之答语可也，耶之答语可也，其他无量数之宗教家、哲学家之答语亦可也。信仰之为用如此。既为聊相慰藉之一假定答语，吾必取其与我最契合者，则吾之决择有完全之自由，且亦不能限于现在少数之宗教。故曰，信仰期于自由也。明乎此，则可以勿眩于习闻之宗教说矣。

三曰服役社会　美洲有取缔华工之法律，虽由工价贱，而美工人不能与之竞争，致遭摈斥，亦由我国工人知识太低，行为太劣，而有以自取其咎。唐人街之腐败，久为世所诟病。留学生对于此不幸之同胞，有补救匡正之天职。欧洲留学界已有行之者，如巴黎之俭学会，对于法国召募华工，力持工价与法人平等，及工人应受教育之议。俭学会并设一华工学校授工人以简易国文、算术及法语，又刊"华工杂志"，用白话撰述，别附中法文对照之名词短语，以牖华工之知识。英国留学生亦有同样之事业，其所出杂志，定名"工读"。是皆于求学之暇，为同胞谋幸福者也。美洲华工，其需此种扶助尤急，而商人巨贾，不暇过问，惟待将来之学者急起图之耳。贵校平日对于社会服役，提倡实行，不遗余力，如校役夜课及通俗演讲等，均他校所未尝有。窃望常抱此主义，异日到美后推行于彼处之华工，则造福宏矣。

中国大学四周年纪念演说词

（六年四月二十九日）

今日为中国大学成立四周年纪念之期，又更名纪念会之期，及专门部中学科举行毕业式之期，关系最为重要。鄙人不敏，聊贡数言。今日鄙人来此地方，生有一种感想，因中国大学与他校不同，实具有一种特性。此种特性，实与社会及吾人大有关系。吾人自出生以至于死，可分三时期：第一预备时期，即幼年。第二工作时期；即壮年。第三休息时期，即老年。良以社会既予吾人以大利益，则吾人不可不预备代价，以为交换之具。吾人所受社会之利益，与同人缔有债务契约无异，既欠人债，即不能不想还债。故少年预备时期，亦即为少年欠债时期：而工作时期，即为中年还债时期。然吾人一至中年，即距老年不远，故不能不储蓄，以为第三期休息之预备。而老年人苟有能力，仍为社会服务，不过不及壮年之多耳，止可谓之半息，而不能谓之全息。尝见外国之实业家、教育家、著作家，老而治事，至死后已，即此义也。吾人在校肄业，即为预备及欠债时期；毕业即入还债时期矣。专门部诸君，今日毕业，明日在社会即担任有还债之义务；换言之，即是脱离第一时期，而入第二之工作时期。虽中学科毕业之后，有入大学部或专门部深造者，然亦有在社会作事者。在社会上作事，亦是入于工作时期。故吾人一生，实以第二时期为最重要。然此种工作，亦不能不有预备。此种预备，有二：一，材料之预备，如学生之课程是也。二，能力之预备，即以学校为锻炼吾人体力脑力之助，又以职教员之训练及其所授于吾人之模范为修养之助。中国大学职教员，有两种特性，而又为吾人模范者：一，坚忍心，如学科之编制，及经费之筹备。中国大学之成立，固已四年于兹。然此四年之中，艰难困苦，实已备尝。在创办者原想设立一完全大学，故有大学预科之编制。然大学年限过长，设备又须完全，而校中经费，诸多支绌，故又不能不退一步而有专门部之编制。此种事务，如在他人，必畏难而不办矣。然中国大学之职教员，则虽艰难困苦备尝，而其初心不少更易。暂时，固因经费支绌之关系，而不能大遂所志，但总希望完全办到。故中国大学职教员之坚忍心，可谓吾人模范也。二，即本校职教员富有义务心，即责任心。何以见之？各教职员有兼任两校功课者，若因甲校之报酬较乙校为厚，遂勤于甲校而怠于乙校，其鄙陋之心，影响于学生最大。而中国大学之职教员，则绝无此状；虽因本校经费支绌，报酬较薄，而训导学生，勤恳无比。其义务心尤足为吾人模范也。是以中国大学毕业诸生，多杰出之才，实校中教职员兼有以上两种特性有以成之。今则毕业诸生，已入工作时期，以后服务社会，应守母校之模范，历久勿失，莫惧艰难，莫忧烦琐，一以坚忍耐劳出之，无不成者。且勿以毕业生自负，一经任事，先计报酬。试思我国经济，困难已极，人人以报酬为先务，势必穷于供给，而各事将无人过问。毕业诸生，当明斯理。以后处世，即使毫无权利，则义务亦在所应尽。以义务为先，毋以权利为重，庶足符母校之精神矣。鄙人际兹盛会，无任欢忻，谨竭诚祝曰：中国大学万岁！中国大学毕业诸生万岁！

科学之修养

（八年三月在北京高等师范修养会讲演）

鄙人前承贵校德育部之召，曾来校演讲；今又蒙修养会见召，敢略述修养与科学之关系。

查修养之目的在使人平日有一种操练，俾临事不致措置失宜。盖吾人平日遇事，常有计较之余暇，故能反复审虑，权其利害是非之轻重而定取舍。然若至仓卒之间，事变横来，不容有审虑之余地。此时而欲使诱惑困难不能隳其操守，非平日修养有素不可，此修养之所以不可缓也。

修养之道，在平日必有种种信条：无论其为宗教的，或社会的，要不外使服膺者储蓄一种抵抗之力，遇事即可凭之以定决择。如心所欲作而禁其不作，或心所不欲而强其必行，皆依于信条之力。此种信条，无论文明野蛮民族均有之。然信条之起，乃由数千万年习惯所养成；及行之既久，必有不适之处，则怀疑之念渐兴，而信条之效力遂失。此犹就其天然者言也。乃若古圣先贤之格言嘉训，虽属人造，要亦不外由时代经验归纳所得之公律，不能不随时代之变迁而异其内容。吾人今日所见为嘉言懿行者，在日后或成故纸；欲求其能常系人之信仰，实不可能。由是观之，则吾人之于修养，不可不研究其方法。在昔吾国哲人，如孔孟老庄之属，均曾致力于修养，而宋明儒者尤专力于此。然学者提倡虽力，卒不能使天下之人尽变有良善之士，可知修养亦无一定之必可恃者也。至于吾人居今日而言修养，则尤不能如往古道家之蛰影深山，不闻世事。盖今日社会愈进，世务愈繁。已入社会者，固不能舍此而他从；即未入社会之学校青年，亦必从事于种种学问，为将来入世之准备。其责任之繁重如是，故往往易为外务所缚，无精神休假之余地，常易使人生观陷于悲观厌世之域；而在不得志之人为尤甚。其故即在现今社会与从前不同。欲补救此弊，须使人之精神，有张有弛。如作事之后，必继之以睡眠；而精神之疲劳，亦必使有机会得以修养。此种团体之结合，尤为可喜之事。但鄙人以为修养之致力，不必专限于集会之时，即在平时课业中亦可利用其修养。故特标此题曰科学的修养。

今即就贵会之修养法逐条说明，以证科学的修养法之可行。如贵会简章有"力行校训"一条。贵校校训为"诚勤勇爱"四字。此均可于科学中行之。如"诚"字之义，不但不欺人而已，亦必不可为他人所欺。盖受人之欺而不自知，转以此说复诏他人，其害与欺人者等也。是故吾人读古人之书，其中所言苟非亲身实验证明者不可轻信，乃至极简单之事实，如一加二为三之数，亦必以实验证明之。夫实验之用最大者莫如科学。譬如报纸纪事，臧否不一，每使人茫无适从。科学则不然，真是真非，丝毫不能移易。盖一能实验，而一不能实验故也。由此观之，科学之价值，即在实验。是故欲力行"诚"字，非用科学的方法不可。

其次"勤"。凡实验之事，非一次所可了。盖吾人读古人之书而不慊于心，乃出之实验。然一次实验之结果，不能即断其必是，故必继之以再以三，使有数次实验之结果。如不误，则可以证古人之是否：如与古人之说相剌谬，则尤必详考其所以致误之因，而后可以下断案。凡此者反覆推寻，不惮周详，可以养成勤劳之习惯。故"勤"之力行亦必依赖夫科学。

再次"勇"。勇敢之意义，固不仅限于为国捐躯慷慨赴义之士。凡作一事能排万难而达其目的者，皆可谓之勇。科学之事，困难最多。如古来科学家往往因试验科学致丧其性命，如南北极及海底探险之类。又如新发明之学理，有与旧传之说不相容者，往往遭社会之迫害，如哥白尼、贾利来之惨祸。可见研究学问，亦非有勇敢性质不可；而勇敢性质，即可于科学中养成之。大抵勇敢性有二：其一发明新理之时，排去种种之困难阻碍；其二，既发明之后，敢于持论，不惧世俗之非笑。凡此二端，均由科学所养成。

再次"爱"。爱之范围有大小。在野蛮时代，仅知爱自己及与己最接近者，如家族之类。此外稍远者辄生嫌忌之心。故食人之举，往往有焉。其后人智稍进，爱之范围渐扩，然犹不能举人我之见而悉除之。如今日欧洲大战，无论协约方面，或德奥方面，均是己非人，互相仇视，欲求其爱之溥及甚难。独至于学术方面则不然：一视同人，无分畛域；平日虽属敌国，及至论学之时，苟所言中理，无有不降心相从者。可知学术之域内，其爱最薄。又人类嫉妒之心最盛，入主出奴，互为门户。然此亦仅限于文学耳，若科学则均由实验及推理所得唯一真理，不容以私见变易一切。是故妒嫉之技无所施，而爱心容易养成焉。

以上所述，仅就力行校训一条引申其义。再阅简章，有静坐一项。此法本自道家传来。佛氏之坐禅，亦属此类。然历年既久，卒未普及社会；至今日日本之提倡此道者，纯以科学之理解释之。吾国如蒋竹庄先生亦然，所以信从者多，不移时而遍于各地。此一修养之有赖于科学者也。

又如不饮酒、不吸烟二项，亦非得科学之助力不易使人服行。盖烟酒之嗜好，本由人无正当之娱乐，不得已用之以为消遣之具，积久遂成痼疾。至今日科学发达，娱乐之具日多，自不事此无益之消遣。如科学之问题，往往使人兴味加增，故不感疲劳而烟酒自无用矣。

今日所述，仅感想所及，约略陈之；惟宜注意者，鄙人非谓学生于正课科学之外，不必有特别之修养，不过正课之中，亦不妨兼事修养，俾修养之功，随时随地均能用力，久久纯熟，则遇事自不致措置失宜矣。

《法政学报》周年纪念会演说辞

今天是贵校《法政学报》周年纪念会，承王校长及学报诸同人招来演说。兄弟对于法政学问本外行，但对于《法政学报》一年的成绩，颇有感想。

兄弟将贵报第一期翻阅，见刘先生及高先生的发刊词，都是对于社会上看不起法政学生发出一番感慨。社会上所以看不起法政学生，也有原故的；但观一年来的《法政学报》，也可以去从前的病根了。

社会上所以看不起法政学生的是为甚么？中国自维新以来，知道要取法外国，于是派留学生，办学校，以求栽培人材。那时候到日本学法政的很多，有大部分是入私立学校或入速成科，并不认真求学，甚有绝不到学校，也不读书，在日本过了多少时候，就买一张文凭回国了。中国新设的法政学校，也不知多少，大半不是认真教授，不过为谋利而已。这种法政毕业生，既买得新招牌，便自以为很有本领。而中国因为从前法政之腐败，也以为应该用新学生。那晓得这般新学生，腐败一如旧官僚，加之学得外国钻营的新法，就变为"双料官僚"。因此之故，所以社会上大家就看不起他。

人在社会上，大抵有三类阶级。第一，尽力多而受报酬少的。这是最好的人。自然人人都欢迎他。第二，尽力与受报酬相当的。这也算是中等好人。第三，尽力少或未尝尽力（能力少或全无能力）而受报酬多的。这是最下等。譬如有人向一书店买书，所出之价，比所豫想应出之价低（以较少的报酬得较大的效用），自然很欢喜；若所出之价，虽不比豫想应出之价低，但是那店子却很老实，定价划一不二，东西买错也可以换的，这个店铺当然可以得信用；如果那店家专卖假货，或假冒招牌，像那假冒王麻子的；或映射王麻子的汪麻子旺麻子，谁肯相信他。从前那些糊里糊涂的法政学生，并没有一点真实学问，却要在社会上占优胜的地位，那就和假冒王麻子招牌去图高价的一样；就是，对于社会不尽劳力而要受报酬多的人，当然人人看不起他。千万法政学生，虽多半是假冒招牌，但其中亦非无一二好人，不过群众心理大抵以大半数埋没少数，所以就一律看不起他们了。

日本甚么法政速成科现已无存，中国私立法政亦淘汰不少。兄弟两年前到北京的时候，还受了外来的刺激，对于法政学生，还没有看得起他。兄弟初到大学时，接见法科学生，也如此对他们说，那时兄弟听说多数法政学生，不是抱求学的目的，不过想借此取得资格而已。譬如法科学生，对于各种教员态度，就有种种不同。有一种教员，实心研究学问的，但是在政界没有甚么势力，他们就看不起他。有一种教员，在政界地位甚高的，但是为着做官忙，时常请假，讲义也老年不改的，而学生们都要去巴结他呀！他们心中，还存着那科举时代老师照应门生的观念呀！我当时对法科学生，已经揭穿这个话了。

后来兄弟读了贵报的发刊词，见得怎么的痛心疾首，才晓得诸君的一番自觉。兄弟以为这就是可以一洗从前法政学生的污点了。从前他们的心理，姑无论是正当与否，但这种学校，确确只好算是职业学校。职业学校，是专为毕业以后得饭碗的确无研究学理之必要。譬如泥水匠作了几年徒弟，晓得打墙便了，并不要求怎么新式或怎么才比从前的便利，怎么才比从前的坚固，或怎么才能够合于审美的观念。又譬如店子里的使用人，他并不要研究商业如何才能够发达，如何才能够迎合买者的心理，只要整天在柜子上做买卖，赚得碗饭吃便了，这就是我们中国职业教育的习惯。从前的法政大学，大抵都是用一种官僚教育职业教育。他们的旨趣，就是要学生不请假，把讲义背得熟，分数考得好，毕业后可以谋生便罢了，用不着出学报。学报就是超于职业教育以上而研究学理的用意。所以法政学生能出学报，就是把从前的病根都除去了。

大概办学报的利益有三：

一，可以提起学理的研究心。　将来社会进步，法律政治或可以不要。但现在未到此境，也要求改良进步。要求法律政治的进步，就断非循诵条文可以了事，必要用功向学理方面研究。现在我国的专门教育，既不采英美的教授法（由教员指定参考书，令学生先行研究，然后由教员择要考问），反不用德法的教授法（由教员用新发明的来讲授，其他让学生自由研究），只是用现成的讲义，按部就班的去教学生。学生得了讲义，心满意足，安有进步？如今有了学报，学生必要发布议论，断不能抄讲义，必要于人人所知的讲义以外求新材料，就不能不研究学理了。

二，可以提起求新的思想。　学报材料，后期应比前期好。可是每期必要有新材料，才可以引起读者的兴味。如第十期也和第一期一样，读者就讨厌了。所以学报不能不求进步，决不可自满，必要一期一期往新思想里求去。

三，可以提起公德心。　职业教育是抢饭碗的教育。抢饭碗的结果，就分出优胜劣败。因为想要得胜，就不能不争分数；因为争分数之故，于是自己研究所得的便要秘密起来，留在心中，待考试时出之以求多得分数，好去博个第一。有了这种恶根性，将来在社会上便生出许多嫉妒害人的事来。有了学报，有新知识的，便要公之大众，无论同学不同学，都要告诉他。如无新知识可以告人时，还要用许多方法去求有可以告人的。这岂不是养成科学为公的公德心么？

由上所说，学报既可以脱职业教育的恶习，以提起人学理的研究心，又可促进进步的思想与养成非自利的公德心。兄弟对于《法政学报》以此意表示欢迎。

　　凡办报最困难的，是第一年编辑还没有熟练，销行也还没有把握。到有了一年的经验，基础就可以巩固，并且可以希望进步了。《法政学报》既有一年的基础，将来必有进步可知，愿以此祝《法政学报》之繁盛。

在北京高等师范学生自治会演说辞

今天是贵校第十一周的开学纪念日，又是学生自治会开始成立的第一日。纪念日是每年必有一次，每次纪念的内容不同。这第十一次的纪念，比较第十次必更有许多进步的报告，这是可喜的。我以为今日自治会的成立，更是可喜的了。

我们一听到"治"字，就想到有治者与被治者的分别。既有这种分别，两方便含有敌对的意思。虽是治者方面谋被治者的利益，愿意协助，但因有阶级隔在那里，好事往往也会变成坏事了。

我想学校应守的规则简单的很，不过卫生、学业、品行等等。关系卫生的，如宿舍的清洁、整齐，卧起有一定时刻等事。关系学业的，如按时自修，不旷废功课等。关于品行的，如在学校里不作贬损人格的坏事，在外边能保全自己的名誉，或保全学校团体的名誉。这都简单，人人容易想得到做得到的。我们既自认是人，尊重自己的人格，且尊重他人的人格，本无须他人代庖。但前人总不放心，必要用人替来管理，由是学校也生了治者——如学监、舍监都是——与被治者的阶级。在治者既像负担了被治者一生人格上的责任，必要一种模范人物，才能胜任。但是这种人才从那里来呢？凡有学校的学监，地位既不及教员的隆重，并且他们的职务又极干燥无味，不如教员还可以增进自己的学问。单是宿舍起卧的时刻，或考试时的监场，检查等等琐事，在有学问有才能在社会上能得一个地位的，必不肯来担任。担任的往往因知识才能较差的。请这等人来干，或是死守规则过于严了，因此和学生发出恶感；或是太不守职过于宽了，样样通融；或仅对一部分宽了，又要开罪于他一部的学生。十余年来学校里闹风潮，起因往往都很小的。

学校事情本很简单，学生都可以管，既都让给管理员，学生便不知不觉的把一切学业自修卫生清洁种种责任，都交与管理员去做，自己一概可以不管的样子。譬如住在旅馆里的人，公文要件交在柜房，自己就不注意了。学生既是如此，所以种种不规则的事，层见叠出，闹出许多的笑话。有人以为是管理不好的缘故，愈加注意管理，教育部也屡屡下通令。无如依然无效，这实在是有人代为管理的原故。

现在诸君成立这个自治会，可以把治者与被治者的分别去掉，不要别人来管理了。所以我觉得今日的自治会，关系是重大的很。

况在贵校的自治会，比别校更觉紧要。因为凡人有种奇异心理，就是在一方吃了亏，要在他方去报复。如作媳妇吃了婆婆的苦，到自己作婆婆时便要报复媳妇。又如下属在上司前吃了亏，就照样去待他下属，这种例很多很多。学生既是被治的，将来出去办学校，当教习，一定也要治人。这正是流毒无穷的了。

诸君是高等师范生，实验这种自治的制度，我想有两方面益处：

（一）纵的方面：诸君自治比被治好的多，都自己试验过了；将来出校传到中学或是师范学校，提倡自治总可以应用，断不至把自己从前所受的弊害，向别的学生图报复了。

（二）横的方面是："五四"以后，全国人以学生为先导，都愿意跟着学生的趋向走。如上海、杭州等处的闭市，官厅命令置之不顾，反肯听学生联合会的指挥，是实在的证据。民国从前也曾挂起自治的招牌，但不久就被政府取去。国民因为不懂自治，也就任他取去。如今学生实行自治作个先导，我们怎地做，且在平民学校，平民讲演中去劝别人做，平民自治虽比学校复杂些，但由简单做到较复杂方面，由学生传之各地方，一定可以提起国民自治的精神。所以我觉得诸君的自治会成立，更可以作贵校最大的纪念。敬祝学生自治会万岁！北京高等师范学校万岁！

释"仇满"

（民国纪元前十一年作）

吾国人一皆汉族而已，乌有所谓"满洲人"者哉！凡种族之别：一曰血液，二曰风习。彼所谓满洲人者，虽往昔有不与汉族通婚之制，然吾所闻见，彼族以汉人为妻妾而生子者甚多；彼族妇人密通汉人，及业妓而事汉人者尤多。江浙驻防，歼于洪杨之手，其招补者多习于彼族游处之汉人，此其血液混杂之证据也。彼其言语文字，起居行习，早失其从前朴鸷之气，而为北方稗土莠民之所同化，此其风习消灭之证据也。由是而言，则又乌有所谓"满洲人"者哉！然而"满洲人"之名词则嚇然揭著于吾国，则亦政略上占有特权之一纪号焉耳。其特权有三：世袭君主，而又以少数人专行政官之半额，一也；驻防各省，二也；不治实业，而坐食多数人之所生产，三也；其二其三亦在今日既为贫弱困，男盗女娼媒介，而亦适足为诊痴之符，招怨之的。然自一方面观之，要不得不谓政略上之特权。世界因果之应，不爽毫发；谚所谓"种瓜得瓜，种豆得豆"，是也。其因之动力在政略上者，其果之反动亦必在政略上，故近日纷纷"仇满"之论，其政略之争，而亦种族之争也。

夫吾亦谓最多数之汉族果无种族之见存也。所谓"生降死不降，老降少不降，男降女不降"者，吾自幼均习闻之。而道咸之间刻文集者，尚时存仇满洲之微文。粤西三点会"汈"字为记号，示满清无主之义，持之已二百数十年，一泄于洪杨之事，而至今未已。此其种族之见之未泯者也。然洪杨之事，应和之者率出于子女玉帛之嗜好；其所残害，无所谓满汉之界；而出死力以抵抗破坏之者，乃实在大多数之汉族。是无足以证其种族之见之薄弱也。且往者暗于进化之理，谓中国人种概由天神感生，而所谓蛮貉夷狄者乃犬羊狼鹿之遗种，不可同群，故种族之见炽焉。自欧化输入，群知人为动物进化之一境，而初无贵种贱种之别，不过进化程度有差池耳。昔日争种之见宜为之稍释，而"仇满"之论反炽于前者，则以近日政治思想之发达，而为政略上反动之助力也。盖世界进化，化及多数压制少数之时期；风潮所趋，决不使少数特权独留于亚东社会；此其于政略上，所以有"仇满"之论也。虽然，人之神经甚为复杂，被染于欧化者亦能尽涤其遗传性也；是以其动机虽在政略上，而联想所及不免自混于昔日种族之见。且适闻西方民族主义之说，而触其格致古微孔教大同之故习，则以"仇满"之说附丽之。故虽明揭其并非昔日种族之见而亦不承认也。然吾细剖解之，而见其重心乃全在政略上。何则，果其注重于种族上者，则其术不外两端：一曰暴动，二曰阴谋。暴动者，如义和团之恶洋人也：不问其为教士，为商人，见洋人则杀之。使以此术而仇满也，则今日之所谓"满"人者，自京师及东三省外，已殄艾无遗矣。阴谋者，如周之于殷，越之于吴。闻敌之治焉而忧，闻其乱焉而喜；遣谍者以间之，贻玩好以惑之。循是而论，则彼李莲英之惑溺，王文韶、张之洞辈之贻悮，而各省官吏勒索赔款，公行贿赂，以为彼政府敛怨于平民者，其足以动摇满洲人之基本，而为多数汉族之功臣！如张百熙之流，实心举行新政者，宜斥为助桀之民贼，而诛之！至于满洲人中如所谓光绪肃王醇王号圣明者，当行间而杀之！而如刚毅荣禄则惟恐天去其疾，而图所以保护之！而汉族之稍有权力者，宜遣辨士说以帝王之业，此皆阴谋之所有事也。要之无满不仇，无汉不亲；事之有利于满人者，虽善亦恶；而事之有害于满人者，虽凶亦吉。此则纯乎种族之见者也。而今之唱仇满者，其所指挥，所褒贬，一与吾前者云云相反。是非真仇满者也。

　　虽然，今之真仇满者，则有之矣，分为二党：甲党出于少数号为满人之中，袭"汉人强，满人亡"之论，而密图所以压制汉人者也。乙党出于多数汉族之中，欲请行立宪政体，奉今之朝廷为万世一系之天皇，而即满洲人以为贵族议院者也。乙党资章甫以适越，其售否固未可必。甲党之举动多类儿戏，其甚者为禁汉族学陆军于日本，如曰"教一人，是一人"。是其唤起多数汉人使之重入种族之梦者也。而两党相合之一点，在保守少数人固有之特权，此其仇满之策之中心点也。世运所趋，亦以多数幸福为目的者，无成立之理；凡少数特权，未有不摧败者。且今日少数满人中，同有一二开化者，然以与多数汉族中之开化者相比例，孰强孰弱，较然易睹。果率两党之策，是树此少数者以为众射之鹄，不使蹈法国贵族之覆辙，不止也！

　　夫民权之趋势，若决江河，沛然莫御。而吾国之官行政界者，猥欲以螳臂当之，以招他日惨杀之祸，此固至可悯叹者也。而甲乙两党又欲专其祸，以贻少数人之满洲人，是岂亦仇满之尤者乎！吾所谓"仇满"，固不在彼，而在此。

对于送旧迎新二图之感想

（五年八月作）

　　民谊君选取袁氏归榇黎氏继任两图，题为"官僚之送旧""国民之迎新"，而各系之以短评，既揭诸本期之杂志矣。而吾对于此两图尚有种种之感想，为短评所未及，或及之而未详尽者，叙次于下：

　　袁氏之为人，盖棺论定，似可无事苛求。虽然，袁氏之罪恶，非特个人之罪恶也。彼实代表吾国三种之旧社会：曰官僚，曰学究，曰方士。畏强抑弱，假公济私，口蜜腹剑，穷奢极欲，所以表官僚之黑暗也；天坛祀帝，小学读经，复冕旒之饰，行拜跪之仪，所以表学究之顽旧也；武庙宣誓，教院祈祷，相士贡谀，神方治疾，所以表方士之迂怪也。今袁氏去矣，而此三社会之流毒，果随之以俱去乎？此吾所感想者一。

　　国子高曰："葬也者藏也，欲人之弗得见也。"孔子见桓魋为石椁，曰："若是其靡也！死不如速朽之为愈也。"墨子曰："埋葬之法，桐棺三寸，足以朽体；衣衾三领，足以覆恶；及其葬也，下毋及泉，上毋通臭，陇若参耕之亩则止矣。此节葬之义也。"成子高曰："吾闻之也，生有益于人，死不害于人。吾纵生无益于人，吾可以死害于人乎哉？我死则择不食之地而葬我焉。"墨子曰："舜道死，葬南纪之市，禹道死，葬会稽之山。"淮南子曰："禹之时，死陵者葬陵，死泽者葬泽。"皆随地可葬之义也。庄子将死，弟子欲厚葬之，曰："吾恐乌鸢之食夫子也。"庄子曰："在上者为乌鸢食，在下者为蝼蚁食，夺彼与此，何其偏也。"则且以葬骨为多事矣。今日西人虽尚有茔墓之设，而火葬渐兴；海舶中偶有死者，例投诸海：合于子高不害之义。疾死者或送其尸于医院而解剖之，则不惟不害于人，而或且有益于学理。今闻袁氏之死，其棺自河南运至北京，盖取材于太昊陵旁之古柏，为袁氏生前所自选定者。此亦足以见吾国人郑重棺木之一斑。且吾国人尤以归骨故乡为重大之关系。凡商业都市，恒有各省同乡停枢之舍，预备运回。以游学生之开通，而偶有不幸，尚必运枢回国。如高子周君之火葬于日本，杨笃生君之长眠于利物浦者，转为例外，其他则又何说。至于丧仪，则北京杠房之所承办，上海大出丧之所炫耀，其猥鄙谲怪之状，观送旧图已可概见。不知此等无意识之举动，至何时而始能廓清之也。此吾所感想者二。

中华民国约法，有责任内阁之制；而当时普通心理，乃不以为然，言统一，言集权，言强有力政府。于是为野心家所利用，而演出总统制，又由总统制而演出帝制。此亦崇拜总统倚赖总统之心理有以养成之。中国古代政论，若道家，若法家，若儒家，皆以无为为主道之第一义。道家法家之无为尚术，而儒家之无为尚德，适合于不负责任总统之本分。或喻诸肥豚，乃不安分者不知德化之效力，而妄发牢骚耳。宁以古代学究压制女子之言，所谓"无才是德"者况之，尚可为谑而不虐。要之，总统不必有才，即有才而亦决不容以才自见，惟德为其要素耳。总统既无寔权。则所谓一国元首者，不过虚荣，直与勋位无异。世岂有竭寔力以争虚荣者哉？约法既复，总统无责任之义，不可摇动，则总统者宜不复为有才有力者之竞争物。而普通心理，庶以扫其崇拜倚赖之污点乎？此吾所感想者三。

人之生也，呼吸机关无时不有吐故纳新之作用；全体细胞，无时不行其推陈出新之作用。非是则病且死。吾国以病夫闻于世也久矣，振而起之，其必由日新又新之思想，普及于人人，而非恃一手一足之烈。此尤感不绝于予心，而愿与四百兆同胞共印证之者也。

附民谊君之图评。

官僚之送旧（袁世凯归榇）

可以安安稳稳做终身总统而不足，可以出其机而险之才，用其强有力之能于利国福民而不肯；必冒大不韪，犯众怒，而欲称帝。帝何物耶？固试之，而不能达其目的以致于死。呜呼！是亦不可以已乎！生而专横无道，为国民痛恶，死而出丧不礼，为外人窃笑（语本七月二十九日法国画报）。呜呼！是亦可以已矣！可已而不已，无已，谥之曰：遗臭万年。官僚之送之也宜。

国民之迎新（黎元洪继任）

逝者已矣，而所望于继之者正多。虽然，今世界立国，必以民为本，固非恃一人而可兴邦也。为总统者，能听民意，顺民情，是亦不失为贤总统矣。今黎氏一继任，即复旧约法，重开国会，除党禁，省刑罚，所谓听民意顺民情者已见其端矣。国民之迎之也宜。

在李超女士追悼会的演说

今日为李超女士开追悼会，在李女士的境遇很可悼，我们自然要有追悼的表示。但我想与李女士同一境遇的，不知道有若干人。也不但是女子，就是男子，有这种悲惨境遇的也很多。我们要借这个会统统追悼他们一番。

胡适之先生所作的李女士传，与方才的演说，都是于追悼以外，说到解决不幸问题的方法，都是我所赞成的。但是偏于女子一方面。我的观察，是觉得男女两方有同样问题，所以不得不想出总解决的方法。

第一，是经济问题的解决。为了贫富不均，与财产权特别占有，不知牺牲了多少人的权利与生命。李女士不过其中的一人罢了。要是改变了现在经济组织，实行那"各尽所能，各取所需"的公则，再有与李女士一样好学的人，要求学，便求学，还有什么障碍呢？

第二，是退一步，单就教育问题解决他。现在各国都有"义务教育"，不管有钱没钱，都有受教育的机会，不过限于初等教育就是了。要是改了教育制度，凡有中等高等的教育，都可以随意听受，不要花钱，那凡有与李女士一样好学的人，要求学，便求学，还有什么障碍呢？

第三，是再退一步，单就教育界的一部分解决他。外国有钱的人，常常捐了学额的基金，把他利息帮助没钱的学生。近年，北京大学，设了一个"成美学会",捐款虽然不多,却也帮助了好几个苦学生。若是各学校,都有这一种的组织,遇着李女士这种问题,他家里不肯接济款项,自然有接济他的机关,还有什么障碍呢?

李女士是已经死了,我们止好追悼一回罢了。我们应当想一个解决的方法,不要再见无数李女士的悲惨境遇,再来开无数的追悼会,这是我们应当觉悟的。

在林德扬君追悼会之演说

今天上午北大学生会在法科大礼堂替林君德扬开追悼会，不过到会的人不多，而蔡先生仍旧在散会前赶到演说。林君的自杀，在《晨报》上看见，有赞成他的，也有反对他的，如今把蔡先生的意思记出来，给大家看看。八年十二月十四日下午八时陈兆楠记。

今天开这个追悼会是大家可怜他的自杀。林君的自杀，是北京大学生第一个自杀的人，我看林君的行略，也觉得可怜。然而中外自杀的人很多，像中国的妇女因为他的翁姑或夫婿的虐待愤而自杀的也很多；还有许多忠臣不肯事二朝，像明朝的臣子，因明朝亡了，就把自己一家杀光，再自杀的也不少；外国人也有因境遇不好而自杀的；还有男女的恋爱，因为不能偿他们的愿而自杀的；像这种自杀的人外国报纸上时常看见的。不过这种自杀和林君不同罢了。我想到两位中国人，他们的自杀同林君差不多，我如今先说两位的事迹。

一位是杨笃生先生，他在中国没有革命前就想排满。他到日本去做炸弹来实行暗害，不过壳子做不好，他就焦急起来。前清五大臣出洋的时候，有人放炸弹来暗杀他们，这个炸弹，就是杨先生做的，不过里面放点炸药，外面仍旧用药线引火的。后来杨先生到英国去求学，他一心要造炸弹，所以他专心用功物理化学等科；可惜他从前没有普通知识，他想从极短时间内一齐补完，是很困难的。因为他用脑过度，所以他的脑病就很利害；他就买些"补脑剂"养养他的脑，但是一面又很用功，因此反而加剧起来。有一次英国开展览会，陈列许多机器，他就很欢喜，想仔细参观一回，总可以得到点法子；不料里面的东西太多了，他弄得茫无头绪。从此他就大失望了。那时杨先生在利佛浦。他同住的人看见他头上包着布，实在形容枯槁，憔悴得很。他就想到中国杀死几个满人，虽然拼了一命，也算尽他的心了！但是他的病实在重得很，从利佛浦到中国也等不及，他绝了回国的念头。他既然精疲力尽，想活着也无趣味，就投河而死。那时我在德国，幸亏吴稚晖先生在英国同几位同志替他料理后事。然而他这一死倒感动无数同志去继续他的事业，后来炸弹也精巧了，辛亥革命也成功，杨先生的志愿有人替他达到了！

　　一位是姚桢先生，对于革命也很出力的，当日本发布取缔留学生条件的时候，留学生多归国，奔走于革命运动。他就想在中国办一大学，收留这许多留学生。他想中国的学生何必要到日本去读书。那时我也在上海。姚先生也来同我商量过，但是经济困难达于极点，他用尽方法总是无效。他想办的就是中国公学，然而总没有能力去开办，他想绝望了，就投黄浦江而死。他这一死也激动了许多同志，后来居然成功，现在中国公学里面有大学部，虽停顿一次，幸能重振起来。姚先生的志愿，也有人替他达到了！

　　这两位先生都是因奋斗失败而自杀的，林君也因奋斗而自杀，所以同杨先生、姚先生差不多。林君先习化学，后习法律，他的脑筋也未免过敏。他对于"五四"运动很出力。并且创办国货店——抵制日货根本的方法。这是他的第一层意思。但是他理想的国货店，规模是很宏大的——这种小卖买算不得提倡国货，要自己能够制造出来。但是现在那里能做到，他就心急得很，等不及慢慢的去做了，所以决然自杀，要想刺激他的同志，继续去实行他的计划，所以牺牲自己一身，做发展国货的广告。我想这是他的第二层意思。现在林君已死，不能再活了！只要我们活着的人努力去振兴国货，达到林君第二层的意思。追悼会虽然已经完了，我们继续去做是没有完的。追悼是可惜的意义。我们既然可惜他，就要体谅他的志愿去做完林君没有完的事体。这就是我的希望了！